KB181221

한필남·한계전 부부의 중세 수도원을 가다
두 번째 이야기

수도원 가는 길

한계전·한필남 부부 중세 수도원 가다
두 번째 이야기

수도원 가는 길

한필남·한계전

새미

|『수도원 가는 길』을 펴내며 |

2003년부터 2018년까지 방문했던 곳 중 가장 인상적인 곳들을 모아 『한계전 · 한필남 부부 중세 수도원 가다』를 2021년에 펴냈다.

2019년부터 코로나라는 무서운 병이 전 세계를 휩쓸기도 했고 남편 건강이 갑자기 안 좋아져서 여행은 꿈도 꾸지 못하는 상황이 되어 버렸다. 그러다가 2023년부터 세상이 잠잠해지자 남편이 갑자기 여행을 다녀오라고 간절하게 졸라대는 것이었다. 환자를 두고 어딜 가느냐고 처음에는 당연히 거절했지만 다녀와서 책을 한 권 더 써야 한다는 말에 솔깃해진 나는 팔십 살 된 언니와 옛 동료 두 명을 포섭하여 37박의 프랑스 여행을 다녀온 후, 처음 책에서 아쉽게 빼놓을 수밖에 없었던 곳들을 추려 또 한 권의 책을 내놓게 되었다.

프랑스 도시(마을)들은 대부분 조화롭고 아름답다고 볼 수 있는데, 특히 1년에 한 번씩 〈가장 아름다운 마을들〉과 〈프랑스인들이 선호하는 마을들〉을 선정해 TV에서 발표하는 프로그램이 있다. 여기에 뽑히는 조건도 대단히 까다롭지만 일단 뽑힌 마을들은 명예를 얻는 것은 물론이고 많은 관광객이 찾아오기 때문에 주민들은 더욱 힘써 마을을 가꾸게 되고 그 자부심은 하늘을 찌를 정도다. 이런 마을들은 전체가 잘 가꿔진 정원 같아서 그저 넋을 놓고 골목 골목을 돌아다니기만 하면 된다.

　오랜만에 방문한 프랑스는 옛날 그대로였지만 한 가지 놀라웠던 점은 에어비앤비(Airbnb) 주인 중 다수가 현지인이 아니고 스위스 심지어 스웨덴에 살면서 숙소를 운영하고 있다는 점이었다. 주인이 가까이 살아야 세세한 주변 정보도 얻을 수 있고 서투른 대화도 해 볼 수 있다는 게 큰 매력이었는데 삭막하게 변해가는 세상이 아쉽다.

　이번 여행 중에 안전 운전해 주신 채봉란, 유머담당 이혜정 그리고 다섯째 언니 한차남님께 고맙고 정성 들여 만들어준 새미 임직원께 고마움을 전한다.

2024년 6월

한필남

1983년 러시아의 미사일 발사로 KAL 007기에 타고 있던 승객 269명 전원이 사망했다. 그중에는 코넬 대학에서 환경공학을 연구하고 돌아오던 나의 아우 한웅전(당시 수산대학교수), 그의 아내 유옥명(안동 하회 서애 선생 종손의 큰 따님) 그리고 다섯 살 만철과 두 살이었던 정민이도 타고 있었다. 이들은 사후에 장위동 성당에서 염수정 안드레아 추기경님(당시에는 주임 신부)으로부터 화세(火洗)를 받았다.

2003년부터 십여 년 간 중세 수도원(4C~12C)이나 오래된 성당들을 찾아다니면서 이들을 생각하는 마음이 더욱 깊어져만 갔고 잊어본 적이 없다.

프랑스 정부는 탑승객 중 가장 나이가 어렸던 정민이를 기리기 위해 파리 남서쪽에 자리하고 있는 브레티니 쉬르 오르쥬(Brétigny-sur-Orge에 〈정민 길:Rue Jeong-Min〉)을 만들어주었다. 나는 프랑스 정부의 어린이 사랑 정신에 보답하기 위해 이 책을 바친다.

2024년 6월

한계전

| 차 례 |

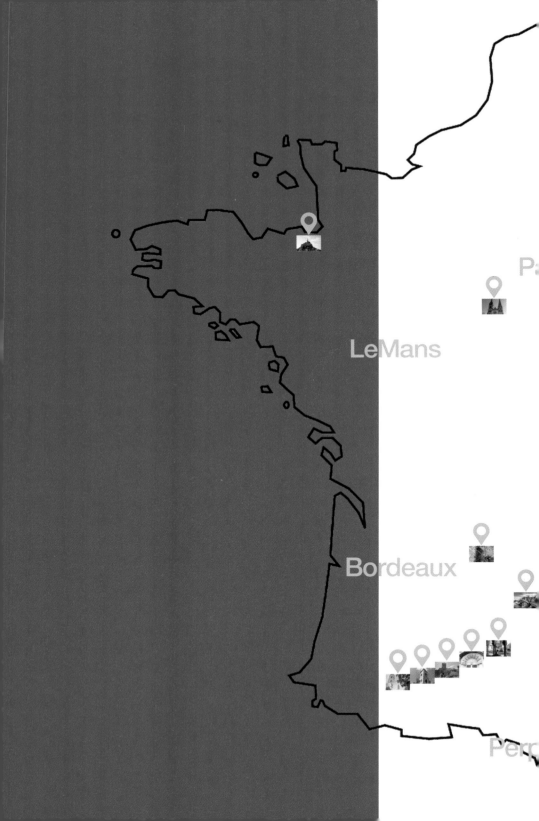

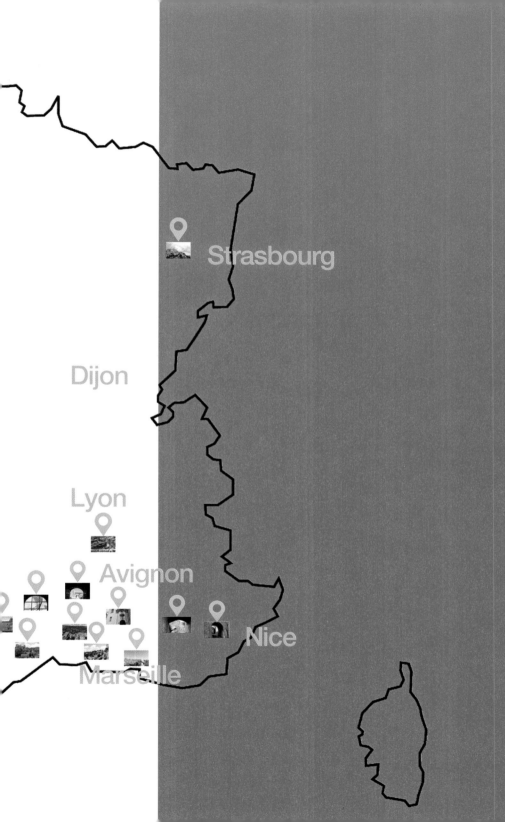

몽생 미셸의 10년전 모습(차들이 여기까지 들어왔다.)

몽 생 미셸 Le Mont Saint Michel에 또 다시

최근 몽생 미셸 모습

내가 처음 몽 생 미셸에 간 것은 1981년이었다.

버스가 가까이 갈수록 점점 선명하게 솟아오르는 산이 신기루처럼 기억에 남아 있다. 그 뒤에 이런 저런 이유로 여섯 번을 더 갔는데 본질은 전혀 변함이 없고 성지와 멀찍이 떨어진 곳에 거대한 주차장을 만들고 셔틀버스를 운행하는 것 정도가 변한 것 같다.

몽 생 미셸은 성 미카엘 대천사에게 봉헌한 수도원이 있는 야트막한 산이다. 이 작은 산 전체가 중세 건축물의 완결판으로 평가받아 유네스코 문화유산에 등재되어 있다. 좁은 골목에는 15~6세기의 가옥들이 늘어서 있고 년간 500만 명 이상의 관광객이 밀려드는 프랑스 제1의 성지로 관광객이 뿌리는 돈이 일 년에 8천 만 유로가 넘는다고 한다.

미카엘이 꿈에 나타난 모습 재현한 모습

반면에 상주인구는 두 아이 있는 부부, 여자 상인 1명, 행정관리 1명, 소방수 2명, 안전 요원 1명, 수도사 5명, 수녀 7명, 신부 3명 총 24명이다. 이마저도 유동이 적어 밤에는 무덤처럼 조용한 동네로 변한다.

수도원의 역사

몽 생 미셸(미셸은 미카엘의 불어 이름)의 긴 역사는 708년 아브랑슈의 주교인 오베르(Aubert:660-725)가 미카엘 대천사에게 봉헌하기 위해 교회를 지으면서 시작되었다. 어느 날 미카엘 대천사가 그의 꿈에 나타나서 바위 위에 성소를 지으라고 했지만, 오베르가 미심쩍어하자 세 번째 꿈속에서 천사가 손가락으로 그의 두개골에 구멍을 냈다. 그제서야 메시지를 이해하고 교회를 짓기 시작했다는 전설이 내려오고 있다.

교회가 완성되자 가장 중요한 순례지가 되었으며 10세기에는 베네딕토 수도사들이 상주하게 되고, 낮은 곳에서부터 생겨난 마을은 점차 수

| 영국군이 버리고 간 포탄 | 성 미카엘 교회 입구 |

도원 발치까지 넓혀졌다.

백년 전쟁 때 노르망디 지방은 영국군에게 유린당했으나, 몽 생 미셸만은 왕에게 충성하는 119명의 기사들이 30년 동안 저항하며 지켜낸, 영국군도 넘볼 수 없는 난공불락의 장소로 군사적 방어 요새의 좋은 본보기이기도 하다. 1790년 대혁명 때는 마지막 수도사가 수도원을 떠나고 정치범을 수용하는 감옥으로 쓰였으며, 1811년에는 왕명에 의해 〈미결수의 감옥〉이 되었다. 1820년에는 수도자 식당, 수도자 침실 그리고 직물 공장이 들어선다. 1834년 10월 22일 밤중에 무시무시한 화재가 직물 공장과 밀짚모자 공장에서 일어났는데 수도원장과 무료급식소의 부속 사제 그리고 죄수들이 밤새도록 화마와 싸워 수도원을 지켜냈다. 감옥은 1863년에 폐쇄되었고 그 후에도 크고 작은 12번의 화재에도 불구하고, 몽 생 미셸은 여전히 중세 시대의 아름다운 건축물의 집합체로서 프랑스에서는 최초로 유네스코 문화유산에 등재된곳이며 지금은 하루에 12,000~20,000명이 방문하여 연간 1,160억 원

목 잘린 상

교회 옆 공동묘지

을 쓰고 가는 관광과 순례의 명소일 뿐 아니라 북 유럽쪽에서 산티아고 순례를 갈 때는 반드시 거쳐가는 곳이다. 보통 11시에서 16시까지 최고로 붐빈다.

예전에는 자동차가 방파제를 지나 마을 입구까지 갈 수 있었으나 지금은 여러 가지 이유로 2.5km 떨어진 곳에 45,000그루의 나무와 관목이 심어진 주차장(4,000대 수용)을 만들어서 어떤 차든지 간에 일단 주차장에 세우고 셔틀버스(무료)를 타고 가거나 걸어서 가야 하는데, 걸어가면서 앞에 보이는 수도원의 전경을 온전히 담을 수 있는 경험을 해 보는 것도 즐거운 일이다. 나는 딱 한번 방파제를 걸어 가봤는데 좀 멀어서 노약자는 셔틀 버스를 타고가길 권한다.

볼거리

입구를 들어서면 왼쪽에 여행 안내소가 있고 광장 오른쪽에는 백년전쟁(1434년) 때 영국군이 쓰다 버리고 간 160파운드(약 72kg)나가는 포탄과 대포가 전시되어 있었는데, 올해 가서 보니, 여행 안내소는 셔틀버스 종점 근방으로 옮겨졌고, 안내소는 화장실로 변하고, 포탄과 대포

성 미카엘 교회 옆 공동묘지　　　　　　　　　　　　　장식병풍과 미카엘 상

는 보이질 않았다.

　사자의 문(Porte du lion)을 지나 양쪽으로 늘어선 중세의 집들과 아기자기하게 꾸며진 가게들을 구경하며 올라가다 보면 왼쪽에 11세기에 지은 성 미카엘 교회가 나온다.

　이 교회에서 볼 만한 것은 제단 뒤에 있는 기둥으로 장식된 병풍이고 오른쪽에 있는 작은 문을 통해 밖으로 나가면 자그마한 공동묘지가 나오는데 맛있는 음식을 싸 들고 소풍이라도 가고 싶을 정도로 따뜻한 느낌을 주는 곳이다.

　교회에서 나와 다시 가던 길을 올라가다 보면 위병소(Salle des Gardes)를 지나가게 되고, 그랑 드그레(Grand Degré)라고 하는 긴 계단을 숨차게 올라가면 고티에 점프(Saut Gautier)라고 하는 테라스에 닿게 된다.

　수도원 입구에서 입장권을 구입하는데(2023년 당시 11유로) 주말에는 특히 줄을 서서 기다리는 시간이 아주 지루하기 때문에 일찍 가야 고생을 덜 수 있다(9시에서 19시까지. 1월 1일. 5월 1일. 12월 25일은 휴무). 서쪽 테라스는 18세기에 파괴된 회중석의 3개의 기둥과 교회 앞뜰로 되어있는데, 바다 쪽을 향한 전망이 훌륭하고 종탑 꼭대기에 있는 미카엘 성인의 동상을 볼 수 있다. 바닥에 깔린 돌에서 석공들이 새겨 놓은 싸인을 찾아

수도원 입구 경내 정원

보는 것도 재미가 쏠쏠하다.(A자. 갈고리 모양. 나무 모양 등등) 수도원 교회는 바위 정상(해발 80m)에 자리 잡고 있는데 회중석은 궁륭형 회랑, 연단 그리고 높은 창문으로 되어 있다.

경내 정원 le cloître

기도와 명상의 장소인 경내 정원은 라 메르베이유(La Merveille)라 불리는 13세기에 지은 건물의 꼭대기에 있다. 정원을 거쳐 수도자 식당, 부엌, 교회, 공동 침실, 기록 보관실 그리고 계단으로 갈 수 있다. 정원의 회랑은 무게를 줄이도록 설계되어 있는데, 두 줄로 늘어선 작은 기둥 사이로 시시각각 변화하는 바다의 풍경을 조망할 수 있다.

수도원 교회

아직도 교회에서는 미사를 집전하기 때문에 침묵이 필수인 장소로 천정은 높고 사방이 개방되어서 시원한 느낌을 준다. 오른쪽에는 볼 만한 조각품들이 많이 있는데 첫번째로 낮은 부조로 된 복음사가가 있다. 복

림보에
내려오신 예수

아담과 이브
천국에서 쫓겨나다

예수 수난
장식 병풍

아기안은
성모

복음사가

음사가는 1546년 제단부의 칸막이로 상용되었던 것을 여기에 옮겨 놓은 것으로 마르코(사자), 요한(독수리), 루까(황소), 그리고 천사(사람)가 상징하는 마테오 성인이다. 두번째는 예수 수난의 장식 병풍이 있는데 장식 병풍은 15세기 하얀 대리석으로 되어 있고 예수의 체포, 매맞음, 십자가에 못박힘, 무덤에 들어감 그리고 부활을 나타내고 있다. 조각의 하얀 대리석은 영국의 중부 지방에서 나는 것으로 14세기부터 종교개혁 때까지 영국에 있다가 파괴될 위험에 처하자 영국을 떠나 프랑스로 왔다고 한다. 세번째는 천국에서 쫓겨나는 아담과 이브가 임보에 떨어짐(1546년) 두개의 조각상이 있다. 첫 번째 조각상 장면은 〈유혹〉과 〈추방〉을, 두 번째 조각상 장면은 천국과 지옥의 경계인 임보에 떨어져 죄값을 치러야 한다는 내용이다. 네번째로는 아기 안은 성모상이 있는데 이 성모상은 13세기 초 채색 돌을 써서 제작한 작품으로 옷의 주름이 섬세하고 아기 예수는 왼손에 지구를 들고 있다.

수도자 식당 le réfectoire

남쪽 벽에 있는 설교단에서 읽는 성경 말씀을 들으면서 침묵 속에 수도사들이 식사를 했던 곳으로 측면의 벽들은 입구에서는 안 보이는 좁고 긴 창문이 뚫어져 있다.

손님방 la salle des Hôtes

손님방은 왕이나 귀족들이 머물던 공간으로 수도자 식당 바로 아래에 자리 잡고 있다. 계속 가다 보면 육중한 기둥들이 있는 지하묘지에 닿게 되는데, 15세기 중기에 수도원 교회의 제단부를 지탱하기 위해 만들어졌다.

수도자 식당

마르땡 성인의 지하묘지 la crypte Saint Martin

수도원 교회 남쪽 날개 부분을 지탱하기 위해 지었는데 9m나 되는 어마어마한 둥근 기둥이 인상적이다.

거대한 바퀴 la Roue

수도사들의 납골당이 있는 이 거대한 바퀴는 감옥으로 바뀐 수도원에 억류된 사람들에게 음식을 공급하기 위해 만든 것으로, 중세 시대에는 건설현장에서 이용되었던 기구이다.

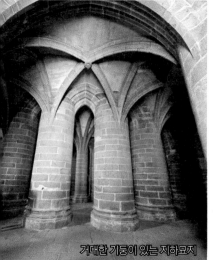

거대한 기둥이 있는 지하묘지

성 스테파노 샤뻴 la chapelle Saint-Étienne

19세기 초에 무너진 의무실과 수도사들의 납골당 사이에 있었기 때문에 아주 자연스럽게 죽은 자들을 위한 샤뻴로 사용되었는데 15세기에 만든 피에타 상의 예수의 목은 없어진 채로 남아 있고 많이 훼손된 프레스코화가 있다.

참고로 프랑스에서는 스테파노를 〈에띠엔느(Étienne)〉, 독일에서는 〈슈테판〉, 헝가리에서는 〈에슈테반〉 그리고 이탈리아에서는 〈스테파노〉라고 한다.

거대한 바퀴

23

수도사들의 산책길

기사들의 방

갯벌을 걷는 여유

예쁜 지붕과 요새의 일부

기사들의 방 la salle des Chevaliers

수도사들의 작업장 겸 연구실로 쓰였다. 그들의 지적 작품인 필사본들(교부신학, 성서, 역사, 철학, 법률, 음악, 천문학 등)은 지금도 아브랑슈(Avranches)에 보관되어 있다.

우물 les citernes

오베르 성인이 먹을 수 있는 우물을 찾기 위해 여러 날 기도를 하자 미카엘 성인이 산 북쪽 밑부분을 파보라고 하여 파보니 과연 물이 솟구쳤다. 이 물은 갈증을 풀어줄 뿐 아니라 병자를 치료해 주는 효과도 있었다. 이 기적의 샘은 지금은 말라서 없어졌으나 수도원에 저수조가 만들어질 때까지 제 기능을 다 했다고 한다.

요새 les fortifications

13~16세기에 방어 목적으로 쌓은 요새들로 섬을 완전히 감싸고 있는데 지금까지도 보존 상태가 훌륭하고, 보방(Vauban:1633-1707)이 1691년에 시찰했을 정도라면 어떤 수준인지 짐작할 수 있겠다. 7개의 탑이 있고 곳곳에 돌출 총안이 설치되어 외적의 침입에 대비했던 흔적을 볼 수 있으며 바다를 가까이에서 조망 할 수 있고 아름다운 지붕을 볼 수 있는 곳이다. 집은 대체로 두 가지 형태인데 목골 집이거나 여러 가지 색깔의 돌로 지은 집들이다.

보방 Sébastien Le Prestre de Vauban

원래 귀족 가문 출신으로 보방은 후작이지만 그저 보방이라고 부른다. 프랑스의 엔지니어(제도, 화약, 광산, 토목, 수력발전 그리고 지형학 분야), 군사 건축가, 도시 계획가, 통계학자, 농림기사, 정치사상가, 군대 개혁자 그리고 수필가로 가히 팔방 미인이라고 할 수 있으며 프랑스의 레오나르도 다빈치라고 불리는 인물이다. 루이 14세는 그를 '프랑스의 원수(元帥)'라고 불렀다고 한다.

도시 포위공격술의 전문가로서 그는 프랑스 왕국에 엄청난 '요새망'을 건설해준다. 그가 구상하거나 개량한 난공불락의 요새가 100개가 넘는데 다른 건축 기사들은 시간이 많이 걸린다는 이유로 요새를 지으려는 야망이 없었다고 한다. 그는 루이 14세 치하부터 '침범당하지 않는 요새(릴르의 요새만 한번 점령당한 것을 제외하고 점령 당한 적이 없는 인물)'를 18세기 말 포병대의 발달로 요새가 필요 없어질 때까지 건설한 인물이다.

또한 그는 '태양왕' 치세 말기(비참한 시절: 1693년에서 1694년 까지 엄청난 기근으로 말미암아 프랑스에서만 백 삼십만 명이 굶어 죽음)에 경제적 어려움과 사회적인 불의를 해결하기 위해 징세 개혁의 과감한 계획안을 왕에게 제안하기도 했다.

그가 건설한 많은 요새 중 12개는 유네스코 문화유산에 등재되어 있는데 참고로 그가 만든 요새 백 여개 중 우리에게 익숙한 도시를 꼽아보면 앙띠브(Antibes), 마르세이유(Marseille), 니스(Nice), 생 뽈 드 방스(Saint Paul de Vence), 뚤롱(Toulon), 릴르(Lille), 메쓰(Metz), 낭시(Nancy), 그르노블(Grenoble), 브리앙송(Briançon), 생 장 삐에 드 뽀르(Saint Jean Pied de Port), 님므(Nîmes), 브레스트(Brest), 생 말로(Saint Malo), 스트라스부르(Strasbourg), 베르덩(Verdun) 등이 있다.

미카엘 성인 숭배와 성인 동상의 경이로움

천사 중에서 우두머리인 미카엘 성인은 중세 시대 종교적 감성에 있어서 중요한 위치를 차지한다. 신약에서 이 성인은 『요한 묵시록』에 악의 상징인 용과 싸워 이기는 것으로 묘사된다. 내세에 대한 기대와 두려움 속에 살던 중세인에게 있어서 미카엘 성인은 '최후의 심판의 날'에 죽은 이들의 영혼의 무게를 달아 천당과 지옥으로 이끄는 역할을 한다고 믿었다. 백년 전쟁과 종교개혁을 거치면서 미카엘 성인만이 개신교의 이단에 맞서 승리를 가져올 수 있다고 믿었다.

성인은 검과 저울을 들고 있는 모습으로 그려지는데, 종탑 꼭대기에 1897년에 에마뉘엘 프레미에(Emmanuel Frémiet, 1824-1910 프랑스 조각가로 오르세 박물관 앞에 있는 〈덫에 걸린 코끼리〉도 제작함)가 제작한 500kg의 무게를 자랑하는 미카엘 동상은 모래밭에서 150m 위인 시계탑 위에 우뚝 서서 대서양의 거센 바람조차도 잘 견뎌내고 있다.

Info

Paris 서쪽 360km

Pontorson 북쪽 9km

종탑 위에 미카엘상

샤르트르 대성당

경이로운 〈미로〉를 직접 체험할 수 있는
샤르트르 Chartres

미로를 걷는 사람들

사르트르는 파리에서 남서쪽으로 90Km 떨어져 있는 소도시로 인구 38,700명 정도가 살고 있다. 이 도시는 두 개의 대성당 첨탑이 있는데 어느 방향에서 도시로 들어와도 높이 솟아있는 대성당의 첨탑이 길잡이를 하기 때문에 도시의 지리를 알기가 수월하다. 첨탑은 사방 17km 밖에서도 보이기 때문이다.

역사가 깊은 샤르트르에는 구경거리가 참으로 많지만, 그중에서도 성모 대성당을 첫손에 꼽을 수가 있겠다. 이 성당은 정면에서 볼 때 양쪽의 첨탑(정면에서 볼 때 왼쪽 것을 북 탑, 오른쪽 것을 남 탑이라 함)이 다른 모양을 하고 있어서 놀랍기도 하지만 한편으로는 험난한 일들을 많이 겪었을 것을 짐작할 수가 있다. 수 세기에 걸쳐서 지금의 모습으로 완성된 성당을 간단하게 몇 줄로 요약하기란 쉽지 않고, 그나마 아쉬운 점을 보충하기 위해 다섯 번이나 방문하게 된 곳이 바로 이 대성당이다.

1912년에 아들의 병 치료를 간구하기 위해 샤르트르에 순례를 왔던 샤를르 뻬기(1873-1914)는 친구인 조셉 로뜨에게 이렇게 편지를 썼다.

> "여보게, 난 3일 동안에 144km를 걸었다네. (…)종탑이 17km 전부터 보이지. 그걸 보자마자 난 황홀경을 맛보았다네. 난 아무것도 느낄 수가 없고, 피곤하지도 않고 발도 아프지 않았네. 나의 모든 불순한 생각들이 다 없어졌지. (…)난 한 번도 기도해 본 적이 없는 것처럼 기도했네, 심지어 적들을 위해서도 기도했지. (…)내 아이는 구원받았다네. 내 어린것들은 세례를 받지 않았지만 성모 마리아께서 돌봐 주신거지. 난 샤르트르에 와서 완전히 다른 사람이 되었다네."

샤를르 뻬기(Charles Péguy)는 프랑스의 시인이자 수필가이며 편집자이다. 그는 사회주의와 국가주의 이념을 가지고 있었지만 곧 카톨릭에 심취하여 그의 작품에 많은 영향을 주게 된다. 그는 필명을 삐에르 드르와르(Pierre Deloire) 또는 삐에르 보두앵(Pierre Baudouin)으로 쓰기도 했다.

샤르트르 성모 대 성당 la Cathédrale Notre-Dame de Chartres

4세기 중반에 이 도시 첫 번째 주교인 아방땡(Aventin)의 이름을 따서 아방땡 대성당(Cathédrale Aventin)이 세워졌다. 로마제국이 몰락한 후 이 성당은 골(Gaule:프랑스) 지방에서 가장 규모가 큰 성당 중의 하나가 되었지만 743년의 화재와 858년의 바이킹족의 약탈로 심각한 화를

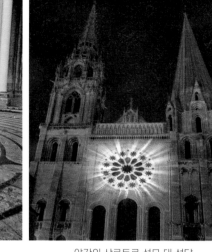

미로를 걷는 사람들   야간의 샤르트르 성모 대 성당

입게 되었다. 876년 샤를마뉴 대제의 손자인 대머리 샤를르(Charles-le Chauve:823-877)가 〈마리아의 베일〉을 성당에 바치자 순식간에 전 유럽의 순례지가 되면서 샤르트르는 부유한 도시로 변했다. 886년에는 덴마크의 지그프리드가 침입하여 주민 1,500명이 목숨을 잃었다.

1020년 세 번째 화재 이후 주교인 퓔베르(Fulbert:960-1028)가 지하묘지를 넓히고 그 위에 북유럽에서 가장 큰 성당을 짓게 되었다. 1194년 또 다시 화재가 나서 성당 정면, 종탑 그리고 지하묘지를 제외한 많은 부분이 파괴되었다. 1506년 제안 드 보스(Jehan de Beauce:1474-1529)가 벼락 맞아 허물어진 북쪽 종탑(정면에서 바라 볼 때 왼쪽 종탑)을 건설하고 1520년에는 성당 북쪽에 시계덮개를 짓는다. 1836년 화재로 인하여 나무로 된 옛 골조가 모두 무너지자 지붕은 구리를 섞은 철 골조로 재건했기 때문에 지금의 지붕은 청록색의 독특한 분위기를 연출한다.

1944년 2차 세계대전 당시에는 미군 대령 웰본 그리피스(Welborn Barton Griffith, 1901-1944)덕분에 독일군의 폭격을 피할 수 있었다. 샤르트르 성

시계판과 덮개　　　　　　　　　　　　　　　　정문의 가운데 조각

당은 여러 차례의 화재와 외침으로 많은 손상을 입었지만 이 세상에서 가장 잘 보존된 고딕 양식을 자랑하고 있다. 훌륭한 조각품과 스테인드 글라스 그리고 타일 바닥이 잘 보존된 곳 중의 하나로 몽 생 미셸과 함께 1979년 유네스코 문화유산에 등재되어 수 많은 관광객이 찾는 곳이다.

특히 1912년에 샤를르 뻬기가 아픈 아들을 위해 빠리에서부터 이곳 까지 걸어서 온 이후에 순례자가 급격하게 늘어났다. 1914년 그가 죽 은 후에도 그의 친구들이 그의 싯귀를 명상하면서 똑같은 길을 걷자 많 은 순례 단체들이 생겨나면서 큰 움직임으로 변했다. 이제 샤르트르 는 북유럽에서 산티아고로 가는 순례길의 중요한 거점 도시가 되었다.

정면 le portail Royal

중앙문의 합각벽에는 복음사가(독수리-요한, 황소-루카, 사자-마르코. 사람-마 테오)의 상징물이 에워싸고 있는 '영광의 그리스도'가 왼손에 책을 들고 있고 오른손으로는 축복을 내려주고 있다. 상인방에는 3명씩 그룹을 지 어 12사도와 양쪽에 두 사람이 서 있다. 아치 부분에서 안쪽에는 12천 사, 밖으로 두 줄에는 요한 묵시록에 나오는 24명의 노인들이 향수병이

예수 승천   예수 탄생

나 악기를 들고 서 있고 맨 꼭대기에는 두 천사가 그리스도 머리에 왕관을 씌워주고 있다. 긴 기둥에는 구약성서에 나오는 인물들로 〈예수의 탄생〉을 예고하는 예언자들이다.

오른쪽 합각벽에는 예수탄생, 왼쪽은 예수승천을 새겨 놓았는데 이 조각품들은 12세기에 완성된 것들이다.

보통 우리는 성당 정면으로 들어가 내부를 대충 훑어본 후 휙 나오기 십상이다. 혹시 호기심많은 분들을 위해 북쪽 문과 남쪽 문의 조각품들을 설명해 볼까하니 참고하시길 바란다.

북 문 le portail Nord

정면에서 왼쪽으로 돌아가면 세 개의 문이 있다. 이 세 개의 문 중에서 특별히 우리의 눈길을 끄는 조각이 있는데 상인방에는 솔로몬의 심판 (Le jugement de Salomon)이 너무나 사실적인 감각으로 묘사되어 있고, 합각면에는 가축의 똥위에 누워있는 욥(Job sur son fumier)이 조각되어 있는데 그 솜씨가 놀랍기만 하다. 악마의 오른손은 욥의 머리를 움켜잡고 있는가 하면 왼손으로는 욥의 발바닥을 간지럽게 긁고 있다. 욥이 겪고

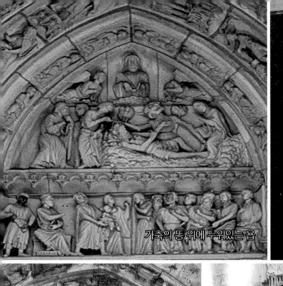
가축의 똥 위에 누워있는 욥

가르치고 있는 예수

성녀 안나와 어린 마리아

세례자 요한

남문의 마리아와 요한이 그리스도에게 인간에 대한 용서를 청하는 모습

숫자판을 들고있는 천사

교현금을 연주하는 당나귀

아담의 창조

세개의 영혼을 품에 안고있는 아브라함

빌라도앞의 예수

있는 고통은 예수가 십자가에 못 박히는 고통을 예고하는 셈이다. 13세기에 완성한 훌륭한 작품 중에 특히 나의 관심을 끌어 간단히 소개해 보았다. 이 외에도 어린 마리아를 안고 있는 안나 성녀(Sainte Anne, 마리아의 머리 부분이 훼손됨), 세례자 요한(Saint Jean Baptiste), 아담의 창조(La création d'Adam) 등도 찾아서 감상해 보면 좋겠다.

남 문 le portail Sud

정면에서 오른쪽으로 돌아가면 나오는 세 개의 문이 있는데 이것을 '남문'이라고 한다. 여기에도 셀 수없이 많은 정교한 13세기의 조각품들이 있다. 중앙 문의 합각벽에 있는 '최후의 심판'을 자세히 보면 마리아와 요한이 두 손을 모은 채 그리스도에게 인간에 대한 용서(연민)를 청하는 내용으로 그리스도는 손을 펼쳐서 상처를 보여주고 있다. 왼쪽에 있는 천사는 창을 들고 있고, 오른쪽의 천사는 기둥과 회초리를 들고 있다. 예수 위에 있는 십자가의 양 날개는 수의에 가려져서 안보이고 세로로 기둥만 보인다. 위에 있는 한 천사는 가시관을, 또 한 천사는 못을 들고 있다.

이 외에도 베드로 성인(Saint Pierre), 바오로(Paul), 요한(Jean), 대 야고보(Jacques le Majeur), 소 야고보 성인(Jacques le Mineur) 세 영혼을 품고 있는 아브라함(Abraham, recevant en son sein trois âmes), 가르치고 축복하는 그리스도(Le Christ enseignant et bénissant) 등도 감상해 보자.

옛 종탑 아래에는 숫자판을 들고 있는 천사와 교현금을 연주하는 당나귀 조각이 걸려있다. 이제 성당 내부로 들어가 보자.

| 엘리사벳 방문 | 맹인을 치료하는 예수 |

회중석 la nef과 제단

12세기에 완성된 회중석은 7개의 기둥으로 나뉘어 있고 바닥은 사각형으로 재단된 돌로 포장되어 있다.

제단과 후진을 둘러싸고 있는 회랑(Déambulatoire)에는 예수(Jean Soulas)의 탄생과 할례받는 모습과 동방박사의 경배, 성모와 아기 예수, 예수의 세례(François Marchand) 유혹당하는 예수(Thomas Boudin), 딸의 치료를 간청하는 가나사람(Legros. Jean Tuby), 빌라도 앞의 예수(Simon Mazieres)의 조각작품들이 있고, 내진 한 가운데에는 과장된 솜씨의 〈성모 승천상〉이 천사들로 에워 쌓여 있다.

제단과 후진 사이에 있는 회랑 Déambulatoire

예전에는 '천사들의 산책길'로 불렸다는 이 회랑은 '산책하다, 거닐다(déambuler)'라는 동사에서 파생된 명사이다. 제단부의 기둥과 후진 사이를 천천히 걸으면서 제단과 회중석도 감상하고 샤뻴에서 기도도 드릴 수 있는 거룩한 장소이니 침묵은 당연하고, 빨리 걸으면서 내는 소리

<table>
<tr><td>제단</td><td>미로 체험</td></tr>
</table>

는 남에게 방해가 되므로 주의해야 한다. 모든 대성당과 교회에 이 회랑이 있는 것은 아니다.

샤르트르의 미로 le labyrinthe de Chartres

〈미로〉는 다이달로스(Dédale: 그리스 신화에 나오는 인물)라는 건축가가 어린 아이들을 잡아 먹으면서 사는 괴물 미노타우르스(Minotaure, 우두인, 신의 괴물)를 가둬 놓기 위해 만들었다는 그리스의 신화에서 유래한다. 〈미로〉는 무시무시하게 복잡해서 살아서 빠져나오려면 실을 붙들고 출구까지 나오는 방법 밖에 없었다.

회중석 중앙에는 신께 인도하는 길을 상징하는 〈미로〉(프랑스에는 아미엥 성당. 샤르트르 성당. 생 깡땡 바실리크. 랭스 대성당 등에 있음)가 있는데 평소에는 의자가 놓여있기 때문에 볼 수가 없고 금요일에만 의자를 치워서 순례자들이 그 미로를 따라 걸으며 천상에 이르는 길이 얼마나 어려운가를 체험할 수 있다. 나는 미로를 체험하기 위해 샤르트르에서 4박을 했다.

기하학적인 원형으로 지름이 12.89m에 이르고 다 펼치면 261.55m

기둥 위의 성모

에 이르는 무늬가 3~4번 기둥 사이에 그려져 있는데 바깥쪽에서 출발하여 이리 저리 미로를 따라 30분 정도를 걷다 보면 가운데에 도달하게 된다. 〈미로〉는 인간이 신과 만나러 가는 상징적인 길인지도 모르며 궁극적인 목적은 속죄와 명상에 이르고자 하는 〈순례〉로 이해할 수 있다. 큰 주제는 결국에는 천국이거나 저승을 상징한다고 할 수 있으며 〈미로〉의 과정은 가운데로 가는 게 아니라 거기에서 나오는 것이라 하겠다. 한마디로 〈미로〉는 예루살렘으로 가는 길이다. 미로를 따라 걸을 때는 죽음에서 영원한 생명으로 가는 과정이라고 생각하면서 침묵과 평화로운 마음으로 온전히 자신의 삶에만 집중하면서, 서두르지 않고 일정한 리듬으로 다른 사람들과의 거리를 유지하는 것이 좋다.

기둥 위의 성모상(Notre Dame du Pilier)

1540년 배나무로 조각한 이 성모상은 신자들이 지하묘지까지 내려가지 못하게 하려고 성가대석 앞에 모셔졌다.

성 피아트 샤뻴 la chapelle Saint Piat

14세기에 후진 뒤쪽에 만들어진 샤뻴로 피아트(Piat)성인의 유해 일부가 모셔져 있고 우아한 계단을 통해 성당과 연결된다. 여기에 2020년에 방혜자 화가의 스테인드글라스 4점이 설치된 것은 큰 영광이 아닐 수

성 피아트 샤뻴에 있는 성인의 유해

없다. 나는 샤르트르에 여러 번 갔는데도 이 샤뻴을 방문하지 못했다. 그 이유는 여러 가지가 있는데 처음에는 공부를 안 하고 갔기 때문이고, 그 다음에는 보수 공사를 하는 기간에 딱 맞춰서 갔기 때문이다. 이 샤뻴을 꼭 보고 싶었는데 발걸음이 떨어지질 않았다. 그 먼 곳을 또 다시 가야 되나 하는 고민거리가 또 하나가 생겼다.

이탈리아의 피아투스 일명 피아트 성인(?-286)은 피아토(Piaton), 피에토(Piato), 피타토네(Piatone)라고도 불리우며 벨기에에 복음을 전파하기 위해 교황에 의해 파견된 선교사로 선교 활동을 하다가 벨기에의 뚜르네에서 참수당했다. 축일은 10월 1일이다.

방혜자 1937-2022

방혜자

방혜자는 서울에서 출생하여 한국 추상화가 중에 첫 세대에 속하는 화가로 시인이며 서예가이기도 하다. 그녀는 서울대 미대에 다니면서 장욱진, 유영국 등의 수제자였다. 대학 졸업 후 프랑스와 한국을 오가며 작품 활동을 하였으며 〈빛의 화가〉로 알려져 있다. 프랑스인 남편과의 사이에 1남 1녀를 두고 있다.

성모의 베일 le voile de la Vierge

성모의 베일

마리아가 엘리사벳을 방문할 때 입었던 것으로 추정되는 이 베일은 792년에 비잔틴의 로마 황제 콘스탄티누스 5세(718-775)가 20kg의 삼나무에 넣어 샤를마뉴 대제에게 보냈다. 그후 독일의 아헨(Aix-la-Chapelle)의 수도원에 맡겨졌다가 876년에 대제의 손자인 대머리 샤를르(Charles-le-Chauve)가 샤르트르의 주교에게 하사했는데 대혁명 때까지는 일반에게 공개하지 않았다.

베일 덕분에 일어난 많은 기적은 말할 것도 없고, 가장 잘 알려진 에피소드는 1194년 화재 당시 샤르트르 사람들에 의한 구출 작전이다. 용감한 성직자들은 불타는 성당에 뛰어들어 베일을 지하묘지에 안전하게 피신시켜 보전에 성공한 후 순례객들이 구름처럼 몰려왔는데, 그중에는 루이 14세(1643-1715). 살레시오 성인(Saint François Sales:1567-1622 프랑스의 귀족 출신으로 1665년에 성인품에 오름). 샤를 뻬기(Charles Péguy:1873-1914) 등이 있다.

이집트 예술에서 영감을 얻은 꽃과 새로 장식된 콘스탄티노플의 황후 이렌느(Irène)의 스카프에 싸인 이 베일은 실제로 표백되지 않은 실크 직물이다. 1793년 이 베일은 혁명당원들에 의해 여러 조각으로 절단되어 팔렸는데 1809년 샤르트르의 주교인 뤼베르삭(Lubersac)이 조각들을 회수하여 1927년 리옹의 직물박물관 큐레이터에게 과학적 분석을 맡겼더니 놀랍게도 이 직물이 1세기에 중동에서 짜여졌을 뿐 아니라, 섬유에 함유된 꽃가루를 분석한 결과 유대 지역에서만 자라는 식

물의 꽃가루로 밝혀졌다. 대성당에 오는 많은 순례자들을 위해 메달로
도 제작되었다.

아름다운 성모 마리아와 가나의 결혼식
Notre-Dame de la Belle-Verrière et les noces de Cana

아름다운 스테인글라스

1180년에 제작된 이 스테인드글라스
는 세 개의 패널에 쌓여 있는데 처음부
터 숭배와 경탄의 대상이 되었다. 제단
오른쪽에 있는 로마네스크 샤뻴 후진에
설치되어 있어서 1194년 화재에서도
무사히 남아 후대 사람들에게 큰 기쁨
을 주니 얼마나 다행인지 모르겠다. 나
트륨 화합물과 규산이 풍부한 블루는 적
색과 더불어 더욱 찬란하게 빛나고 석양
에는 더 신비롭고 엄숙한 빛을 발하여
〈샤르트르 블루〉라는 명성까지 얻게 된
작품이다. 1906년 복원 당시 약간의 실
수로 예수를 안고 있는 성모의 머리가
약간 왼쪽으로 기울어졌다고 한다.

예수는 책을 펼쳐 들고 있는데 거기
에는 예언자 이사야의 한 구절이 새겨
있다. "모든 계곡이 메워질 것이니라. 모든 산과 언덕은 낮아질 것이
고 비뚤어진 것은 곧게 펴질 것이며 울퉁불퉁한 길은 평평해질 것이니
라.(Omnis vallis implebitur.→Toute vallée sera comblée.)"

| 신이 노아에게 방주를 만들라고 명하다 | 노아가 일을 시작하다 | 동물들이 방주안으로 들어가다 |

이 작품의 맨 아래쪽에는 사막에서 유혹받는 예수가 그려져 있고, 위쪽 부분에는 가나에서의 결혼식 장면으로 마리아가 예수에게 다가가 "그들이 말하는건 뭐든지 해 주렴"하고 부탁하는 장면이다.

조각가 까미유 끌로델의 동생인 뽈 끌로델(Paul Claudel:1868~1955. 시인. 수필가. 드라마 작가. 외교관)은 1937년 "명상에 잠겨 몇 시간 씩 이 성모를 바라보면 마치 얼굴이 움직이는 것처럼 보이기도 하고, 미소를 짓는 것 같기도 하다가 어느 순간 심각한 표정으로 변한다"고 썼다.

스테인드글라스 les vitraux

샤르트르의 스테인드글라스는 중세 시대의 작품들 중에서 가장 완벽하고 가장 잘 보존되었으며 펼치면 2,600㎡에 이르는 방대한 양인데 주로 성경의 내용이나 성인들의 생애를 표현한 것이다.

〈장미창: La rose〉이 가장 유명한 것은 말 할 것도 없지만, 많은 작품 중에서 〈노아의 홍수〉에 관한 것을 보면 〈신이 노아에게 방주를 지으라고 명령하다〉, 〈노아가 일을 시작하다〉, 〈동물들이 방주 안으로 들어가다〉, 〈대홍수 후에 방주가 초록색으로 변하다〉를 보면 우리가 익히

수 후에 방주는 다시 초록색으로 바뀌다   장미창   지하묘지에 있는
김인중의 스테인드글라스

알고 있는 이야기라서 그림이 쉽게 이해가 된다. 지하묘지에는 김인중
신부의 작품 두 점이 있으니 세계 속의 한국의 위상을 실감할 수 있다.

지하묘지 la crypte

이 성당의 보좌 신부였다가 쁘와띠에의 주교가 된 삐(Pie)경이 "샤르트
르에서 중요한 것은 지상에 있는 것이 아니라 지하에 있는 것이다."라
고 했을 정도로 지하묘지가 이 성당에서 차지하는 비중이 대단함을 알
수 있다. 지하묘지는 개인적으로 방문할 수는 없고 가이드를 동반한 관
람만 가능하다. 묘지의 규모가 워낙 방대하고 귀중한 보물이 많지만 중
요한 것들을 간단하게 요약해보면

① 뤼뱅성인의 묘지(la crypte Saint Lubin: 9세기) : 갈로 로맹시대의 벽이
남아 있는 초기 성소의 성벽 안쪽에 성인의 매장터로 올라가는 계단이
있는데, 성당 제단 바로 아래에 위치해 있으며 어려웠던 시기마다 성당
의 보물을 보관했던 피난처로 쓰였다

② 필베르 성인의 묘지(la crypte Saint Fulbert: 11세기) : 해시계를 안고 있

지하묘지의 우물

성 끌레망 샤뻴에 있는 프레스코화

는 천사상이 있으며 프랑스에서 가장 큰 묘지라고 한다.

③ 끌레망 성인 샤뻴(la chapelle Saint Clément: 12세기) : 로마네스크 양식이 잘 보존된 프레스코화가 있는데 오른쪽에서 왼쪽으로 교황 성 끌레망. 성 니꼴라 주교. 대 야고보 성인(조개와 망토). 베드로 성인. 마르땡 성인. 주교, 미사를 집전하는 질(Gilles) 성인이 있고 아치의 윗부분에는 모든 종류의 새들과 대결하고 있는 두 전사가 생생하게 표현되어 있다.

④ 갈로-로맹시대의 장례 묘석(une stèle funéraire gallo-romain)

⑤ 우물(le puits des Saints-Forts) : 갈로 로맹시대부터 있었던 우물로 병자를 고치는 등의 기적이 많이 일어나서 9세기부터 유명한 순례지가 되었다. 깊이가 33,5m이고 정사각형인 이 우물은 애초에는 주민들의 식수로 이용되었다가 순교자들이 던져져 수장되었던 곳이다.

이 우물은 기적이 일어난 전설이 있는데 제안 르 마르샹(Jehan le Marchant)이 1252년부터 1262년까지 저술한 『샤르트르 성당의 기적에 대한 책(Le livre des Miracles de Notre Dame de Chartres)』에 보면 "사람들이 지하묘지를 행진하던 중 한 복사(服事)아이가 우물에 빠져버렸다. 하도 깊어서 그의 시신을 찾지 못했는데 다음 해 똑같이 행진을 하던 중 놀랍게도 원래 입었

지하에 있는 샤뻴   지하의 성모 마리아

던 옷이 젖지도 않은 채 손에는 촛불을 들고 있는 그 아이를 보게 되었다.
그가 우물에 빠진 순간 흰 옷을 입은 아름다운 부인이 팔로 그를 받아 일
년 동안 간호해 준 다음 제자리에 돌려줬다고 아이가 말했다"는 믿기 힘
든 이야기가 전해져 내려 오고 있다.

⑥ 지하의 성모 샤뻴(la chapelle de Notre-Dame-Sous-Terre) : 마리아에
게 봉헌된 샤뻴로 가장 오래된 곳 중의 한 곳이다. 미사는 매일 11시 45
분에 드린다.

⑦ 검은 성모상(la statue de la Vierge Noire) : 배나무로 만든 조각상인데
세월도 많이 흘렀거니와 혁명당원들이 불태운 바람에 어둡게 변하여 지
금 보는 작품은 최근에 복제한 것이다.

피카씨에뜨 집 la maison Picassiette

24년 동안 자신의 집과 정원을 온통 모자이크로 장식한 레이몽 이시도
르(Raymond Isidore:1900-1964)는 이 도시의 공동묘지 청소부로 24살에 세
명의 아이를 가진 35살 먹은 과부와 결혼한 특별한 이력을 가진 사람이었

| 침대 모자이크 | 모자이크로 꾸민 샤뻴 | 마당에 있는 왕좌 모자이크 |

는데, 그의 첫 소망은 자신의 보금자리를 갖는 것이었다고 한다. 새가 둥지를 만들듯이 조금씩 땅을 사서 1930년에 드디어 자신의 집을 지었다.

그는 묘지 청소를 하면서 반짝이는 깨진 그릇 조각에 매료되어 조각들을 자기 정원에 모으기 시작한다. 1938년에 자신의 집에 그릇 조각들로 장식하겠노라 아내에게 선언한다. 2차 대전 내내 그는 집안 구석 구석 심지어 재봉틀, 침대까지도 깨진 그릇 조각으로 장식을 했으니 "일어나 보니 당신이 나까지 모자이크로 덮을 뻔했어요."라고 아내가 하소연할 정도였다고 한다. 1945년에는 집 외부와 정원까지 장식하여 지금의 어마어마한 작품이 탄생하게 된 것이다. 버려진 접시와 깨진 유리 조각을 모아 자신의 꿈에 영감을 불어 넣어 자연스러우면서도 대단한 작품을 만들어 후손에게 물려준 셈이다. 미술을 전공하지 않은 그의 작품이 다듬어지지는 않았다 해도 얼마나 예술적 재능을 보여주는지 꼭 둘러볼 가치가 있는 곳이다. 사람들이 그에게 피카씨에뜨(Picassiette)라는 별명을 붙여줬는데 Picasso(피카소)와 Assiette(아씨에뜨:접시)의 합성어이다.

입장료는 9 유로, 입장시간은 화~토 10시-18시, 일요일과 축일 12시-18시이다. 참고로 관람 중에 절대로 해서는 안 되는 주의 사항이 있는데 행여 사진 찍다가 욕심부리면 범하기 쉬운 일들을 나열하면 ① 모

한필남·한계전 부부의 중세 수도원을 가다 두 번째 이야기
수도원 가는 길

자이크와 그림을 만지지 말 것, ② 의자에 앉지 말 것, ③ 벽에 기대지 말 것, ④ 화단의 약한 가장자리에 올라가지 말 것 등이다. 그의 작품을 둘러본 후에 정원 구석에 있는 카페에서 커피 향에 취해보는 것도 좋다.

공동묘지 la cimetière

13ha(헥타르)에 11,000개의 무덤이 있는 묘지로 높은 곳에 위치해 있어서 온 도시를 조망할 수 있으며 이 도시에서 가장 오랜 역사를 지닌 곳이다. 특이한 것은 1870년 독불 전쟁에서 죽은 233명의 병사와 259명의 독일 병사를 위한 추념비와 무덤이 있다.

info

Paris 남서쪽 90km
Orléans 북서쪽 80km
Le Mans 북동쪽 120km

공동 묘지

마르세이유 항구

아름다운 항구를 품고 있는
마르세이유Marseille

바실리크에서 바라보는 지중해

마르세이유는 160만 명 정도가 살고 있는 프랑스 제3의 대도시이다. BC 600년 경부터 뱃사람들에 의해 건설된 도시로 프랑스 제1의 항구 도시이자 유럽의 5번째 항구도시이다. 70km의 해안선 중 24km가 작은 만(calanque)으로 되어있고 한 해에 100만 명의 관광객이 찾는 도시인데 년 중 2,800시간 이상이 볕이 좋은 날이기 때문에 북 유럽 사람들과 예술가들이 특히 선호하는 장소이기도 하다.

역사가 오래된 도시이다 보니 사연도 많을 수밖에 없겠는데 1720년에 유럽을 휩쓴 흑사병으로 인해 75,000명 인구 중 45,000명이 희생되었다. 또한 2차 대전 중인 1944년에는 미군의 폭격으로 2,000명 이상

이자른의 문장　　　　　　　　　　　요새같은 빅토르 수도원의 모습

이 사망했다. 많은 역경 속에서도 수에즈 운하가 개통되자 경제적으로 번영의 길로 들어섰고 20세기에 와서는 경제, 공업, 대학의 중심지가 되어 대학생의 수가 45,000명에 육박하는 대도시로 발전했다. 그런가 하면 이민자 수가 급속도로 증가했는데 마르세이유 인구 세 명 중 한 명이 이탈리아 사람일 정도여서 '이탈리아인의 침략'이라는 표현까지 생겨날 정도가 되었고, 현재는 아르메니아와 알제리 이민자가 20만 명에 육박하고 있는 실정이다.

성 빅토르 수도원 Abbaye Saint Victor

빅토르 수도원은 로마제국의 통치 시절, 채석장이었다가 기독교인들의 묘지가 되었다. 기독교인으로 구성된 연대의 장교였던 빅토르(?-304. 이탈리아 군인)가 목이 잘리는 순교를 당해 이 수도원에 그의 이름을 헌정한 것이다. 그의 연대 역시 302년에 막시미아누스(Maximien Hercule: 250-310)황제에 의해 모두 학살당했다. 415년경 장 까시엥(Jean Cassien:360-435)이 마르세이유 성벽 밖에 있는 동굴 주위에 이 수도원을 세웠고 교회는 440년에 세워졌다.

수도원은 점점 번창하여 위세를 떨치다가 9세기 말에 야만족의 침입으로 엄청나게 세력이 약화된다. 1570~1588년까지 줄르 드 메디치(Jules de Médicis)가 수도원장이었는데 도서관에 있었던 많은 수사본이 없어지고, 1655년에 수도원장이었던 마자랭(Mazarin:1602-1661 추기경. 외교관. 총리 등 역임)도 많은 책들을 가져갔을 것으로 역사학자들이 의심하고 있다. 1739년 끌레망 12세는 수도원을 세속화하여 프로방스 지방의 한 귀족의 재산이 되어 버린다. 1794년에는 수도원의 보물이 약탈당하고 유해들은 불태워지고 금과 은은 동전으로 주조되었으며, 짚과 건초 저장소 또는 감옥으로 쓰였다. 교회를 보존한 것은 죄수들을 수용하기 위함이었고 정원은 군인들을 유숙시키기 위함이었다. 다행히 1968년 마르세이유 시장이 지하묘지의 4~5세기 석곽묘를 전시하게 하자 수도원 지하묘지는 초기 기독교 예술의 중요한 보물창고가 되어 우리 앞에 나타난 것이다.

빅토르 성인의 생애

4세기 로마제국은 그리스도교가 많이 전파되어 노예들과 빈민들 뿐 아니라 고위 관리들까지 신앙생활을 했다. 그들은 묘지 그리고 기도 장소를 가지고 있었는데 마르세이유가 바로 그런 곳중의 중심지였다. 그러다가 303년 2월에 디오클레티아누스(Diocletien:244-311) 황제와 그의 친구 막시미아누스(Maximien:250-310) 황제가 느닷없이 난폭하고도 체계적인 박해를 시작하면서 4가지 칙령이 발표되었다.

1. 예배 금지와 책 몰수, 교회 부수기, 재산 몰수
2. 모든 성직자 체포

3. 우상 숭배를 거부하는 자는 죽이거나 탄광에 보낸다.
4. 종교를 버리면 자유를, 거부하면 죽이거나 고문형에 처한다.

그 결과 수 백만 명이 희생되었다. 303년 7월 8일 빅토르의 상관이 총독에게 이교도인 빅토르를 고발했다. "빅토르는 군인의 자질이 없습니다. 자신은 기독교 신자이기 때문에 더 이상 로마제국의 월급은 받지 않겠다고 합니다." 그 말을 들은 총독은 빅토르를 불러 물었다. "왜 그대는 월급을 받지 않겠다는건가?" 하고 묻자 그는 "나는 가짜 신을 위해서는 일하지 않겠다"라고 말했다. 그러자 총독은 판관에게 처벌을 받게 했다. 판관은 그의 팔을 뒤로 결박한 채 시내를 끌고다니는 형벌을 내렸다. 모진 형벌 후에 다시 끌려간 그에게 판관이 또다시 물었다. "우상을 숭배하시오" 하자, 빅토르는 "나는 우상을 위해 희생하지 않겠소" 했다. 화가 난 판관은 빅토르의 뺨을 때리고 "내일을 볼 수도 없는 사람이 철학자 처럼 잘도 떠들어 대는구나. 우상을 숭배하거라" 하며 빅토르를 몰아 붙였다. 그러나 빅토르는 "모든 걸 창조하신 신은 오직 한 분 뿐이시다"라고 답했다. 이후 총독은 그를 나무에 매달고 병사들에게 채찍으로 등을 내리치게 하는 형벌을 가한 뒤 감옥에 가두었다.

빅토르가 감옥에 갇혔단 소식을 듣고 형제들이 면회를 와서 그의 안부를 걱정하자 오히려 그는 형제들을 위로하면서 "나를 위해 슬퍼하지 마시오. 왜냐하면 우리를 공격하는 사람들보다는 우리를 위해 투쟁하는 사람들이 훨씬 강하니까요. 만일 신의 은총이 없었다면 난 그 고통을 참아내지 못했을 겁니다. 내가 거꾸로 매달려 채찍질 당할 때 내 옆에 한 잘생긴 남자가 있는 걸 봤는데, 그는 손에 십자가를 들고 느릿한 목소리로 내게 '나는 갖은 모욕과 고통을 받았던 예수니라'라고 하더군요."

7월 21일 감옥에서 끌려나가 우상 숭배를 여러 번 강요당했지만 그는

빅토르 성인 유해   빅토르 성인

완강하게 거부했기 때문에 그를 맷돌 아래에 넣은 채 짐승들이 끌어당겨 마치 곡식이 갈리듯이 그렇게 죽어갔다. 마르세이유의 기독교인들이 그의 시신을 수습하여 숨겨 놓았다가 언덕받이에 바위를 뚫어 묻은 곳이 바로 지금의 빅토르 수도원 자리인 것이다.

입장권을 사고 계단을 이용해 지하로 내려가면 엄청난 규모의 지하 무덤이 우리 눈 앞에 펼쳐진다. 나는 이 곳을 세 번 방문했지만 대충 대충 보고 나왔던게 사실이다. 맨 처음 갔을 때는 공부를 하지 않아서 그 가치를 충분히 알지 못했고, 두 번째 갔을 때는 문 닫는 시간이 임박해서 설명문을 자세히 볼 여유도 없이 대충 훑어보고 나왔다. 이 글을 읽는 이들에게 도움이 되길 바라는 마음에서 세 번 째 갔을 때는 정말 꼼꼼하게 보고 그래도 뭔가 미진하면 오후에 또 가서 보고, 저만치 가다가 또 들어가서 보긴 했지만 그렇다고 완벽한 설명이 되었다고 하기에는 부끄러운 수준이다.

생 모리스 동료들의 석관 및 크리산트의 석관
Sarcophage dit 〈Des compagnons de Saint Maurice〉

4세기 말에 카라라의 대리석으로 만든 석관에는 모리스 성인의 동료

성 모리스 동료들의 석관　　　　　　　　　　　　성 모리스의 석관

들의 유해가 담겨있는데 이 석관들은 380~400년 대의 기독교 예술의
승리라고 생각할 만큼 훌륭한 솜씨를 보여준다. 다섯 부분으로 나뉘어
중앙에 베드로와 바오로를 가르치는 그리스도가 있기 때문에 '박사 그
리스도'라고 부르기도 한다. 가운데 그리스도가 왕좌에 앉아 있고 그의
발치에는 그를 찬양하듯이 무릎을 꿇고 있는 남, 여 기부자가 그를 우러
러 보고 있다. 오른쪽은 그리스도가 체포되어 본시오 빌라도 앞에 출두
한 장면이고(손 씻을 물병을 빌라도에게 주는), 왼쪽은 수염이 있고 이마가 벗
겨진 그리스도가 바오로에게 나타나는 장면, 그 다음은 바오로가 리스
트라(Lystra:지금의 투르키예에 있는 도시로 파괴되어 없어짐)에서 돌에 맞아 죽는
장면이 새겨져 있다.

　모리스는 테베 연대장으로 277년 디오클레티아누스(Dioclétien:284-305)
와 막시미아누스(Maximien) 황제 치하에서 연대원 6,670명의 병사와 함
께 순교했다. 병사들은 신앙을 포기하느니 죽기를 원하여 론(Rhône)강
가에서 순교당했다.

　성인전에 의하면 크리산트는 신앙심이 깊은 나르본느의 귀족의 아들
인데, 자신을 타락시키려고 마음먹고 있는 다리(Darie)를 개종시키려고
했다. 많은 노력 끝에 개종에 성공했으나 뉴메리엥(Numérien:254-284 로
마황제)의 명령에 따라 둘은 순교하게 된다. 그들의 시신을 운반하는 동

성 크리산티와 다리의 석관

줄리아 킨티나의 석관

안 기적이 일어나서 그들의 유해는 곧장 마르세이유로 옮겨지고 사람
들에게 추앙받게 된다.

4세기에 카라라산 대리석으로 만든 이 석관은 일곱 부분으로 나뉘는
데 가운데는 천국의 강이 흐르는 산 위에 십자가가 서 있고 두 마리 사
슴이 물을 마시고 있다. 두 그루의 나무에는 뱀이 또아리를 틀고 기어
오르고 있다. 왼쪽 세 칸에는 그리스도를 환호하는 성 바오로가 잡혀서
순교하는 장면이고 오른쪽엔 그리스도를 부정하고 체포되는 베드로의
생애가 새겨져 있다.

줄리아 킨티나의 석관 Sarcophage de Julia Quintina

원래 2세기에 만들어진 석관을 재사용하여 7세기에 만든 것으로 마르
세이유의 주교였던 모롱(Mauront)의 유해를 모시기 위해 만들어졌다. 신
화를 바탕으로 해서 오른쪽에는 박카스 신(Bacchus) 그리고 왼쪽에는 아
리안느(Ariane)신이 각각 반인반마의 괴물과 반인반수의 괴물이 이끄는
전차에 타고 행진하는 모습으로 그려지고 있다. 중앙에는 승리의 여신
둘이 종려나무 줄기가 지지하고 있는 비명(碑銘)에 기대어 있다. 두 야만
인은 사슬에 묶여 있는데 하나는 남자이고 또 하나는 여자이다.

마당과 5세기 샤뻴 Atrium et chapelle du 5e siècle

5세기에 가장 위대한 사람들 중 한 사람인 장 까시엥이 마르세이유에 온다. 365년 경 다뉴브강 근방에서 태어나 베들레헴의 수도사로 이집트 순례, 콘스탄티노플에서 부제 생활, 안티옥과 로마에서 사제였던 그가 마르세이유에 오자 주교가 그를 붙잡아서 이 자리에 빅토르 수도원을 짓게 된다. 이 곳은 둘로 나뉘어지는데 까시엥의 유해를 품고 있는 석관이 놓여있는 중앙 회중석이 가장 잘 보존되어 있다. 더 넓은 정사각형 홀은 사람들이 '안뜰 또는 마당'이라 부른다. 9개의 기둥은 이교도의 성전에서 가져다 재사용했고 꽃 모자이크만이 5세기의 유물이다.

장 까시엥의 생애

360년 경에 루마니아에서 태어나 435년 경에 마르세이유에서 죽은 성인으로 5세기에 프로방스 지방에서 전교 활동을 성실히 하다가 빅토르 남자 수도원과 생 소뵈르(구세주) 여자 수도원 그리고 여러 개의 교회를 지었는데, 전성기에는 수도사가 5,000명이 넘었다고 한다. 그는 어렸을 때 영혼의 동반자인 친구와 함께 수도원을 둘러보기 위해 베들레헴에도 가고 이집트에 가서는 『수도자의 제도』도 접해 본다. 390년 경에는 수도사들을 만나보기 위해 이집트로 갔다가 415년 경에 엑상 프로방스의 주교였던 라자로(Lazare)와 함께 마르세이유로 돌아온다.

그는 『수도자의 제도(Les institutions cénobitiques)』와 5세기에서부터 지금까지 서양 수도원 제도에 깊이 영향을 주고 있는 『강론(Les conférences)과 강생에 대한 강의(Un traité de l'incarnation)』를 저술했는데, 베네딕토 성인의 계율에 많은 영향을 주었고 이집트 사막에서 수도하는 수도사들의

성 까시엥의 유해와 성 안드레아의 십자가

동양적인 수도 생활도 많이 경험을 했기 때문에, 그가 동·서양 수도원 제도의 가교 역할을 했다고 평가받고 있다.

『수도자의 제도』의 내용을 요약하면 수도자의 복장, 기도와 성가의 규칙 그리고 완전한 수도 생활에 방해가 되는 것으로 식탐. 음란. 인색함. 노여움. 슬픔. 헛된 명성 그리고 오만함을 꼽았다.

『강론』의 내용은 까시엥이 이집트에서 생활했던 추억에 관한 것과 사막의 교부들과 함께 했던 금욕적인 생활이 영적인 생활과 많은 주제에서 통한다는 점을 기술하고 있다. 처음 열 개의 강론은 『사막의 교부들』과 까시엥이 나눴던 대화를 기술한 것이고, 다음의 일곱 가지 강론은 교부들에게 헌정한 내용이고, 마지막 일곱 개의 강론은 디올코스(Diolkos: 그리스 코린토 지방)지방의 교부들께 헌정한 내용이다. 중세 시대에는 저녁 식사를 할 때 수도원장의 강론을 읽는 관습이 있었는데 까시엥이 지은 책을 많이 읽었을 것이고, 베네딕토 성인도 계율을 만들 때 까시엥 성인의 책을 읽고 많은 부분을 참고했다고 알려져 있다.

고해의 성모 Notre Dame de Confession, La Vierge Noire

'지하무덤의 성모'라는 의미이고 울긋불긋한 호두나무로 되어있다. 성모의 옷은 어두운 초록색, 황금빛 별들 그리고 황금빛으로 도금한 아

고해의 성모

지혜의 성모

뱀 기둥

희열에 감싸인 막달라 마리아

생명의 나무

성 라자로

성녀 유제비 석관

기의 옷 또한 초록색 별들로 가득하다. 아기는 손에 지구를 들고 있다. 2월 2일에는 이 성모상을 들고 시내를 행진한다.

성 라자로 샤뻴 La chapelle Saint Lazare

11세기에 바위를 파고 만든 이 샤뻴은 남쪽으로 향해 있고, 규모가 크며 로마 시대 지하묘지 중 가장 오래된 양식을 보여준다. 입구에 두 개의 기둥이 서 있는데 오른쪽 기둥 머리에 사람 얼굴이 새겨있다. 아마도 이 얼굴은 엑상프로방스의 주교였던 라자로일 터인데, 박해를 피해 도망쳐 온 곳이 마르세이유였기 때문에 그렇게 추정되며 손에 홀장을 들고 있는 모습으로 그려져 있다. 제단의 부조는 막달라 마리아의 '황홀경'을 표현하고 있다. 다른 기둥에는 〈생명의 나무〉와 〈뱀〉이 생생하게 남아 있고, 천장에는 알파와 오메가(시작과 끝 즉 그리스도를 상징함)가 새겨져 있고 수도원을 설립한 수도사들을 그린 프레스코화가 남아 있다. 그리고 성인들 무덤 가까이 있는 낙서가 있었는데 눈에 들어오는 문장이 이색적이었다. "모든 성인들은 우리를 위하여 빌어 주소서"

ORATE P NOBIS O SCI DEI.
ORATE PRO NOBIS OMNES SANCTI DEI.

유제비 성녀의 석관 Sarcophage de Sainte Eusébie

이 석관은 4세기에 카라라산 대리석으로 만들어졌는데 지금은 직사각형 큰 통만 남아 있다. 원 안에는 괴물이 삼켰다가 뱉어낸 요나스가 있고 왼쪽에는 모세가 지팡이로 바위를 쳐서 샘물을 솟게 하고, 오른쪽은 모세가 시나이 산 위에서 계율을 받는 장면을 묘사한 것이다.

성 우르술라 동료들의 석관

    석판에는 아마도 5세기 마르세이유의 성녀인 유제비에게 경의를 표하는 비문이 새겨 있는데 "여기 주님의 하녀인 유제비가 평화 속에 쉬고 있다. 그녀는 14년은 세속에 살다가 신에게 선택받아 쌩씨르(Saint-Cyr) 수도원에서 50년을 살았다. 그녀는 10월 초하루 전 날 밤 이 세상을 떠났다"라고 해석된다.

우르술라 성녀 동료들의 석관 Sarcophage dit 〈des Compagnes de Sainte Ursule〉

    이 석관은 카라라 산 대리석으로 5세기에 만들어졌으며 7개의 아치로 나뉜다. 가운데는 신의 손이 내려와 그리스도에게 왕관을 씌워주고 거기에는 천국에 있는 네 개의 강이 흐른다. 베드로에게 율법을 내려주고 왼쪽에 바오로는 환호의 동작을 취하고 있다. 십자가를 든 베드로와 바오로 성인, 양쪽에 다섯 사도가 서 있다. 관 덮개 왼쪽에 물을 마시고 있는 사슴은 천국을 의미하고, 중앙에 돌고래와 천사는 그리스도 합자를 받들고 있고, 오른쪽은 가나의 결혼식에서 일어난 기적을 묘사하고 있다. 전설에 의하면 브르타뉴의 공주(우르술라 성녀:?-383년 경)가 로마 순례길에서 돌아오는 길에 순교를 당하게 되자 11,000명의 시녀들이 함께 독일 쾰른에서 순교를 당했다고 한다.

기독교인의 묘비명 Inscription chrétienne

　지금의 묘비명은 모조품이다. 원래 7세기에 만들어진 묘비명은 17세기까지 〈성모 고해실 샤뻴〉에 잘 보존되고 있었는데, 일부만 제외하고 어디론가 사라져버렸다. 비명의 내용은 "한 평생 삶과 행동으로 주의 영광을 드러내며 살았던 띨리씨올라(Tillisiola) 수녀원장이 여기 잠들다." 그리스도의 가족으로 또한 동정녀 마리아의 충실한 종으로 그녀는 40년 동안 헌신적으로 살다가 70살되는 4월 7일에 죽었다.

위그 드 글라지니의 무덤 Tombeau d'Hugues de Glazinis

위그 드 글라지니의 비명

　이 무덤에는 뼈도 없고 덮개도 없다. 윗 부분은 라틴어로 비문이 새겨있고, 아래쪽은 세 부분으로 나뉘어 맨 왼쪽은 두 개의 탑이 있는 종탑이 우뚝 서있는 수도원이 조각되어 있고, 가운데는 '몰타의 십자가' 그리고 맨 오른쪽은 사제 복장을 한 남자가 조각되어 있다. (몰타의 십자가는 4개의 가지를 가진 십자가로 몰타의 기사를 상징한다.)

　위의 비문을 간략하게 해석하면 "위그는 이 보잘 것 없는 돌 무덤 안에서 천국의 성인들과 함께 기뻐하고 있도다. 모든 성인들의 모방자인 수도사들의 추앙을 받으며 그가 재건한 이 사원에 묻힐 자격이 충분하도다." 그의 몸은 1250년 11월 여덟째 날에 묻혔다.

이자른의 묘 · 성 앙드레 샤뻴

앙드레 성인의 샤뻴 chapelle Saint-André

지하에서 가장 북쪽에 있는 샤뻴로 X자 모양의 십자가(4차 십자군 원정 때 몇몇 영주들이 만들었던 십자가)상자 속에 앙드레 성인의 유해가 들어있다. 동쪽 구멍으로 유해와 석관을 볼 수 있다.

이자른의 묘 La tombe de l'abbé Isarn

오래된 석관 안쪽을 잘 재단하여 만든 11세기의 아주 훌륭한 작품이다. 우아한 글씨체, 수도원장의 고귀하면서 평화로운 얼굴, 그의 신분을 나타내는 T자 형의 지팡이는 눈길을 사로잡기에 충분하다.

조각가는 얼굴은 드러내놓고 몸은 대리석 아래 길게 숨겨 놓았는데 대리석에는 수도원장의 미덕에 대한 찬사가 운문으로 쓰여있다. 특히 부조가 보기 드물게 뛰어나고 훌륭하다. 그의 육신은 소멸되었으나 그의 영혼은 천상을 향해 있으니 그의 평화롭고 기쁜 정신만이 여기 머물고 있다.

가운데 대리석에 있는 비명은 "우리의 고명하신 아버지 이자른이 수많은 선행으로 사지는 영광 속에 있고, 성스러운 육신 만이 여기 있도다. 그의 영혼은 보기 드문 품성과 그가 이룩한 모든 덕행으로 인해 다행히 천상에 이르렀다. 하느님의 사람인 그는 우리 모두를 위해 기쁨 속에 살았다. 그는 가르친 것을 실천에 옮겼으며 제자들 또한 훌륭한 사람으로 만들었다. 그는 27년을 충실하게 구세주의 신도들을 이끌다가 9월 24일(10월 1일?)에 빛나는 왕국 속으로 들어갔다.”라고 해석이 된다. 머리 둘레에 있는 문장은 “부탁하나니, 이 글을 읽는 너, 죽어 불쌍한 나에게 무슨 짓을 했는지 그리고 아담의 잘못으로 생긴 계율을 주의깊게 생각해보길” 발치에 있는 문장은 “그리고 마음 속 깊이 탄식하면서 반복해 말하라:주여 그를 불쌍히 여기소서, 아멘.”이라고 새겨져 있다.

이자른의 간략한 생애

파미에(Pamiers, 툴루즈 남쪽 70km)에서 태어나 1005년 경에 마르세이유에 와서 수도사가 되었는데 겸손하고 신중하며 너그러운 성품과, 고행을 하면서도 다른 사람에 대한 깊은 관심과 굳건한 신앙심으로 인해 아주 빠르게 수도원장에 임명된다. 그의 동료들은 그가 보통 사람이 아니란 것을 금방 알아차리게 된다. 그의 금욕생활은 클뤼니의 수도원장 조차도 놀라워할 정도였다고 하는데, 사라센군에게 붙잡힌 레렝(Lérins)수도원의 수도사들을 풀어달라고 협상하고 카탈루냐에서 돌아오다가 공격당해 1047년 9월 24일에 사망했다.

라자로의 비명 L'inscription funéraire de l'évêque d'Aix Lazarus

5세기에 라틴어로 쓰여진 비명의 절반은 지워진 것을 1626년에 프로방스의 석학 니콜라 페레스크(Nicolas Peiresc, 1580-1637: 갈릴레오의 변호사. 루벤스의 친구로 알려져 있는 고고학자, 문필가)가 세상에 알린 복사본이다. 사망

라자로 주교의 비명(모조품)   두 순교자의 무덤

날짜는 사라졌지만 441년 8월 31일로 추정된다. 다행스럽게도 죽은 자
의 이름은 분명하게 나와 있으니 그는 바로 교황 '라자로'다. 비문의 문
구는 "여기 교황 라자로가 70년 동안 신을 두려워하며 살다가 9월 초하
루 전날에 평화 속에 잠들어 있다"라고 해석된다.

두 순교자의 무덤 Tombe des deux Martyrs

3세기에 바위를 파고 묻었던 자리가 선명하게 남아 있는데, 쌍둥이 무
덤이라고 한다. 볼루시아누스(Volusianus)와 포투나투스(Fortunatus)의 무
덤이라는 설도 있었고, 그냥 어부일 것이다라는 설이 있는데 어쨌든 빅
토르 수도원의 지하에 묻힐 정도의 영향력을 가진 사람이었던 것은 분
명하다.

쟝 까시엥의 석관 Le Sarcophage dit 〈de Cassien〉 remployé comme autel

5세기에 대리석으로 만들어졌다. 네 개의 기둥으로 분리되어 있고 이
자른 샤뻴의 제단으로 쓰이고 있는데 왼쪽에 부모는 아이를 신에게 재

우의적인 주제의 석관   제단으로 사용되고있는 까시엥의 석관

물로 바치는 장면으로 아버지는 지극히 높은 분(신)께 드리는 것처럼 손을 베일로 감싸고 있다. 가운데 젊은이는 기도하는 것처럼 팔을 들고 있고, 나머지 세 사람은 환호하는 표시로 손을 들어 인사하고 있다. 이 석관은 다른 것들과 비교해서 아주 검소하고 절제된 아름다움을 보여주고 있다.

우의적인 주제를 다룬 석관 Sarcophage à thèmes allégoriques

카시스의 돌로 만든 이 석관의 장식은 17세기에 복원된 것이다. 가운데는 양의 형상을 하고 있는 그리스도가 천국의 네 개 강이 흐르고 있는 산 위에 서있고, 사슴들은 종려나무 앞에서 물을 마시고 있다. 성체의 신비를 나타내는 두 장면 중 왼쪽은 〈가나의 기적〉을, 오른쪽은 〈그리스도의 빵의 기적〉을 나타낸 것이다. 관 뚜껑에는 양쪽에서 여섯 마리의 양이 예수를 상징하는 모노그램 쪽으로 걸어가고 있다.

이교도의 장례묘석   5세기 석곽묘(율법의 전수)

영광의 그리스도의 석관 Sarcophage du Christ dans une gloire

이 석관은 여러 조각으로 부셔져서 19세기 초에 복원된 것이다. 가운데는 날고 있는 두 천사가 받쳐 들고 있는 원안에 그리스도가 영광의 왕좌에 앉아 있고, 양쪽의 두 종려나무는 천국을 암시한다. 세로로 홈이 파진 기둥 왼쪽에는 바오로가 환희의 몸짓을 하고 있고, 오른쪽에 베드로는 그리스도의 모노그램이 새겨진 십자가를 들고 있다.

이교도의 장례묘석 Stèle funéraire païenne

2세기에 돌로 만들어진 이 묘석은 위 아래가 부셔져있는 상태로 발견되었다. 위에 세모꼴로 된 박공도 사라져버린 채 가운데 반원 안에 죽은 자들의 신께(D.M.:Aux Dieux Manes)라는 글자가 크게 새겨져 있다. 나머지 묘비명은 아래 직사각형 틀 안에 새겨져 있다.

이 지하에는 오래된 역사를 간직하고 있는 훌륭한 석관들이 너무나 많기 때문에 설명문을 읽으면서 감상하려면 많은 시간이 필요하다. 나름대로 중요하다고 생각되는 것을 골라 소개했으니 많은 도움이 되기를 바랄 뿐이다. 이제 지하세계에서 나와 다시 지상의 교회로 돌아가 본다.

5세기 석곽묘에서 나온 금 십자가   수도원 교회에서 미사

입구(L'entrée)

이자른 탑의 문을 통해 들어가면 교회가 나오고, 오른쪽에 5세기의 석관이 있다. 〈율법의 전수(傳授)(Traditio Legis)〉라고 이름이 붙은 이 석관에서 금 십자가가 나왔다. 이 석관에는 어린 여자아이가 방부 처리되어 들어 있었는데, 금사로 장식된 값진 옷을 입고 머리에는 화관을 쓰고 있었다. 그녀의 이마에 놓여 있었던 금 십자가는 아마도 세례받은 기념으로 머리 가까이 놓았을 것으로 추정되며, 섬세한 솜씨로 보아 콘스탄티노플에서 만들었을 것으로 추측된다고 한다.

이 석관은 1970년 지하묘지 복원 당시 235m 깊이에서 완벽한 형태로 발견되어 빅토르 수도원의 초기 기독교 지하 무덤 중 가장 훌륭한 작품으로 평가받는다. 뚜껑의 장식은 구약과 신약 성서의 장면을 나타내는데, 가운데 장면은 율법을 내려주는 장면으로 그리스도는 천국의 네 개의 강이 흐르는 산 위에 서 있다. 그가 두루마리를 내밀자 베드로가 받고 있고, 반면에 바오로는 갈채를 보내는 몸짓을 하고 있다. 왼쪽에는 아브라함의 희생의 장면 그리고 오른쪽에는 그리스도에게 치유받은 맹인의 장면으로 장막 사이에서 빛나는 램프는 기적의 빛을 상징한다. 이 석관에는 소아마비에 걸린 20세 정도의 처녀 시신이 들어 있었

성 빅토르   왕이신 아기 예수와 성모

다는데 그녀의 의복은 특별하게 비싼 것들이었고 시신은 부케에 쌓여
있었다. 그렇게 공들여 장식한 것은 〈최후의 심판〉의 날을 기다리고자
함이었다. 이 석관을 지나 제대 쪽으로 가서 오른쪽에 빅토르 성인, 까
시엥 성인을 비롯하여 여러 성인의 유해를 모셔 놓은 작은 궤들이 유리
창 사이로 보인다. 왼쪽으로 돌다 보면 하얀 대리석으로 된 빅토르 성
인이 〈빅토르가 옳다, 빅토르가 이긴다〉라고 쓰여있는 십자가 방패를
들고 서 있다.

제단 L'Autel

5세기에 만든 이 제단은 처음부터 기독교 숭배용으로 사용되었다. 앞
쪽에 12마리 비둘기가 예수 그리스도를 상징하는 그리스도 합자를 둘
러싸고 있다. 반대쪽에는 12마리 양이 가운데 있는 한 마리 양을 둘러
싸고 있다.

왕이신 아기 예수 L'Enfant-Roi와 성모상

만물을 다스리시는 〈지혜〉자체인 아기 예수가 왼쪽에 지구를 들고 있다. 그의 존엄성은 〈사랑〉에 바탕을 두고 있기 때문에 지구 위에 솟아 있는 십자가는 세상을 구원하겠다는 증거인 것이다. "사랑하는 이들을 위해 자기 생명을 주는 것보다 더 큰 사랑은 없느니라". 오른쪽 손으로 그는 자기를 바라보고 있는 사람들과 온 우주를 축복하고 있다. 그가 세우고 있는 세 개의 손가락은 삼위일체를 의미하고, 구부린 두 개의 손가락은 신과 인간은 뗄 수 없는 존재라는 것을 표현한 것이다. 성모는 모든 여인들 중에 가장 먼저 축복받은 사람으로, 누구나 예수에게 축복받을 수 있다는 것을 알려주고 있다. 이 동상은 2005년 12월 5일 〈성모 무염시태〉 축제일에 헌정되었다.

수도원은 12시~13시30분 까지 휴관이고 지하묘지는 18시에 닫는다.

갈린느 성모 샤뻴
la chapelle Notre Dame de la Galline

마르세이유의 16구에 있는 네르트 길(chemin de la Nerthe)의 산 길을 통해 접근 가능한 샤뻴로 갈린느(galline)는 〈암탉〉이라는 의미이며 '보호'를 상징한다. 샤뻴 안에는 아기 예수가 암탉을 안고 있는 15세기에 만든 동상이 있다. 전설에 의하면 4세기에 라자로 성인과 두 은

봉헌물들　　　　　　　교회를 지키는 할머니와 교회 내부 모습　　　　　성 베드로의 눈물

자가 세웠다고 하는 아주 오래된 샤뻴인데 갈린느는 위험으로부터 보호
해 주고 생명을 보존케 해 준다는 의미가 있어서인지 1720년 페스트 창
궐 당시에 이 교회의 인근 마을에서는 희생자가 한 명도 없었다고 한다.

　대혁명 후 검소한 샤뻴만 남았으나 여전히 중요한 순례지라서 많은
사람들이 찾아오는 샤뻴이다. 내부로 들어가 보면 회중석은 하나로 되
어있고 두 창문으로 채광이 된다. 귀중한 것은 채색된 나무로 된 로마
네스크 양식의 동상인데 아기 예수를 안고 앉아 있는 성모가 왼팔로 암
탉을 안고 있다.

　최근에 제작한 스테인드글라스는 암탉을 들고 있는 성모와 로크
(Roch:1350-1378. 순례자의 보호자)성인. 그리고 많은 그림이 벽을 장식하고
있는데 〈베드로 성인의 눈물〉(이 그림을 그린 화가는 1720년에 페스트로 사망), 〈
이집트로의 피난〉, 〈리타(Rita)성녀〉(1381-1457. 썩지 않은 그녀의 시신이 이탈리
아 카시아의 바실리크에 안치되어 있다). 또한 많은 봉헌물들이 벽에 걸려있다.

　샤뻴의 타일 조각 밑에 3계단을 내려가면 납골당이 있는데, 수많은 뼈
들과 두개골이 쌓여 있고, 석관과 덮개도 있는데 6세기에 제작된 것이라

한필남·한계전 부부의 중세 수도원을 가다 두 번째 이야기
수도원 가는 길

갈린느의 성모

이 밑에 해골이 쌓여 있다

하니 이 마을의 역사를 짐작해 볼 수 있겠다. 납골당의 입구는 의자 밑에 있는 무거운 타일로 단단히 눌러 놓았기 때문에 들여다 볼 수는 없다. 이 샤뻴은 안전상의 문제로 5월 매주 일요일 14시에서 17시까지만 개방하기 때문에 우리 같은 여행객이 방문하기에는 참 까다로운 곳이다. 그래서 2023년 여행에서 상당히 신경을 써서 일정을 짰다. 일부러 숙소도 마르세이유 도심에서 많이 벗어나 레스타크(L'Éstaque)에 정했다.

내가 이 샤뻴에 가려고 한 날은 날씨가 참 더웠기 때문에 길을 나서기가 좀 망설여졌지만 그 날이 마르세이유 마지막 날이었기 때문에 무작정 숙소를 나와 길을 가다가 동네 사람 둘에게 길을 물어 방향을 잡고 걷기 시작했다. 여러 번 경험한 일이지만 프랑스 사람들은 "거기 가 봐도 별거 없는데..."라든가 "거기 굉장히 멀어서 걸어 가기에는 힘들어요..."라든가 하는 말을 절대로 하지 않는 이상한 사람들이다. 그래서 고생한 적도 참 많았다. 이 날도 이정표 없는 산 길을 두 여자가 열심히 걸었다. 차를 세워놓고 데이트하는 젊은 남자에게 이 길로 가면 과연 샤뻴이 나오냐고 물으니, 그 젊은이는 일단 물을 한 병 주면서 3킬로 정도를 더 가라고 한다. 정말 돌아가고 싶은 마음이 굴뚝 같았지만 내 생전에 여기를 언제 또 오겠나 싶어 확확 달아오르는 얼굴을 모자 하나로 가린 채 걷고 또 걷고(...) 산 모퉁이를 돌 때마다 이제는 나오겠지 하는 희망을 품고 무거운 발걸음을 옮기면서도 교회처럼 생긴 건물이 보여야 희망을 가질텐데 나무와 바위 외에는 아무것도 보이질 않아 또 우리를 힘들게 했다. 그러나 여기서 포기할 수가 없지. 드디어 나무 사이로 종탑이 보였다. 아주 소박한 교회가 드디어 우리 눈 앞에 모습을 드러낸 것이다. 우리보다 먼저 와 있던 서양인 노부부가 얼른 교회 안으로 들어오라고 손짓을 한다. 그만큼 햇볕이 따가운 날이었다. 교회를 묵묵히 지키고 있는 나이 든 부인은 책을 손에서 떼질 않고 틈틈이 독서를 하는 모습이 보기 좋았다. 이 글을 읽고 이 샤뻴에 가고 싶은 분들은 차를 가지고 가실 것을 권한다. 볼거리가 많고 적고의 문제가 아니고 배낭여행하는 사람은 차가 없을 테니 엄청난 신앙심이 우러나서가 아니라면 고생하지 말라는 소박한 충고를 하고 싶다. 우리는 숙소가 좁은 골목 안에 있어서 한번 주차하고 나면 차를 끌고 나가는 게 무서웠기 때문에 그 더위에 물도 안 가지고 먼 길을 걸어 갔지만 미리 알았더라면 절대로 그런 무모한 짓은 안 했을 것이다. 그러나 돌아올 때는 뭔가를 해냈다는 뿌듯함으로 발걸음은 가벼웠고 충만해진 마음을 느낄 수 있었다.

교회는 5월 매주 일요일 14시~17시 개방하고 매달 첫 토요일 10시 미사와 9월 8일 10시 미사(성모 탄생일 기념)를 드린다.

보호자이신 성모 마리아 바실리크
Basilique Notre Dame de la Garde(=La Bonne Mère).

마르세이유와 지중해를 굽어보고 있는 이 바실리크는 빅토르 수도원

노트르담 성당(notre dame de la garde)　　　　　　십자가의 길(베로니카가 예수의 얼굴을 닦아주다)

과 더불어 마르세이유의 수호자이며 자존심이다.

　구 항구(Vieux-Port)남쪽 언덕 위에 세워진 바실리크(좋은 어머니:La Bonne Mère)는 2014년에 800주년을 맞았으니 오랜 세월 이 도시와 함께 해 왔다고 할 수 있겠다.

① 바실리크의 변천사

　1214년에 언덕 위에 첫 건물이 들어섰는데 사제 삐에르가 성모께 봉헌한 샤뻴로 점차 커져서 지금의 큰 바실리크로 발전했다. 처음에 샤뻴은 난파를 당한 뱃사람들의 기도 장소가 되었고, 삐에르 사제가 죽은 후 샤뻴은 수도원으로 변신했다가 15세기 초에 가브리엘 성인에게 봉헌된 샤뻴로 바뀌면서 순례자들이 넘쳐나니 샤뻴도 점차 넓혀진다. 불행하게도 대혁명 당시에는 교회가 폐쇄되었다가 1807년에야 다시 제 구실을 할 수 있었다.

모자이크와 성모상

성모 승천

건축

건축가 앙리 에스페랑디유(Henri Espérandieu:1829-1874. 건축가로 이 바실리크에 지하묘지를 만들 협상을 끝낸 상황에서 폐렴으로 사망함)의 작품인 이 바실리크는 비잔틴 양식의 영향을 받아 여러 가지 색깔의 조화가 아름다운 걸작이다. 앙리가 죽고 앙리 레봘르(Henri Révoil:1822-1900 건축가)가 이어받아 화려한 모자이크 장식으로 완성하는데 간결한 지하묘지와 눈부신 교회, 제단의 은으로 된 동상 그리고 봉헌물들은 보는 이들을 즐겁게 한다.

그러나 무엇보다도 종탑 위에 우뚝 서서 온 도시에 군림하는 성모상이야말로 기념비적이라 할 수 있는데, 이 동상이 도시를 보호하고 재난으로부터 지켜준다고 해서 좋은 어머니(Bonne mère)라는 별칭을 붙여준 것이다. 참고로 이 동상을 숫자로 알아보면:

매달아 놓은 배들

언덕높이:	147.85m
성벽높이:	13.15m
탑의 높이:	33.80m
동상 받침대 높이:	12.50m
동상 무게:	9,796kg
아기 예수 손목 둘레:	1.10m
큰 종 무게:	8,234kg
큰 종 높이:	2.50m
추의 무게:	387kg

이 바실리크는 아래교회(지하묘지로 바위에 파여진 로마네스크 양식)와 모자이크로 장식된 비잔틴 양식의 윗 교회 두 부분으로 나뉜다.

피렌체에서 생산된 초록색 돌이 사용되었는데 환경 탓으로 돌이 부식하기 시작해서 2001~2008년 까지 촛불에서 나오는 연기로 검어진 모자이크를 보수하는 길고도 섬세한 공사가 끝났다. 마르세이유의 진정한 수호자인 이 바실리크는 중세부터 지금까지도 뱃사람과 어부들의 보호자로 군림하고 있기 때문에 교회 안에 배의 모형이 많이 매달려 있다.

프랑스와 1세의 방문의 흔적 Visite de François 1er:1494-1547

1516년 1월 3일, 어머니인 루이즈 드 사브와(Louise de Savoie), 아내 끌로드(Claude:루이 12세의 딸)와 함께 마리냥(Marignan:재위 1년 만에 이탈리아와 벌인 전투에서 16시간 안에 16,000명을 죽인 전투.1515.9.13.~9.14)전투에서 승리한 영광에 취한 젊은 왕 프랑스와 1세가 프랑스 남부 지방에 내려왔다가 이 바실리크에 올라간다. 이 방문을 통해 마르세이유 방어 체계가 엉망인 것을 알고 이프 섬(île d'If)과 가르드 언덕 위에 요새를 짓게 된다.

성 요한상　　　　　　　　　　　　　　　　이사야상

이프 섬의 요새 건축은 아주 단 시간에 끝났으나, 가르드 요새는 샤를르 깽(Charles Quint:1500-1558)의 도착을 막아내면서 공사를 하느라 1536 년에야 끝이 났다.

　바실리크 방문 기념으로 문 위에 프랑스와 1세의 문장(백합 세송이와 그 위에 도룡뇽 그 오른쪽 옆에 양과 작은 깃발을 든 요한 성인)을 새긴 흔적이 아주 희 미하게 남아 있다. 사실 여러 사람에게 왕의 방문 기념 흔적이 어디 있 는지 물어봤으나 제대로 대답을 해 주는 사람이 없을 만큼 많이 훼손된 상태로 남아 있다.

샤뻴의 폐쇄

　1790년 4월 30일 혁명당원들이 미사에 참여한다는 구실로 도개교를 뛰어넘어 샤뻴에 쳐들어온다. 1793년에는 종교시설은 용도가 변경되 고 미사도 강제로 중단되었다. 1794년 은으로 된 성모상은 녹여서 동

전으로 만들어졌고, 많은 값진 물건들과 그림들 심지어 봉헌물까지도
20개씩 묶여 경매로 팔려 나갔다.

하늘의 도움을 받은 남자

마지막 경매는 1795년 4월 10일 이었다. 샤뻴은 국가 소유가 되었고
조셉 엘리 에스까라마뉴(Joseph Élie Escaramagne)가 샤뻴을 임대하게 된
다. 왕당파이며 대위였던 그는 마르세이유 연방군에게 대포와 총을 공
급한 혐의로 단두대의 이슬이 될 뻔했다가 구사일생으로 살아남은 사
람이었다. 그는 샤뻴을 보수하고 활기를 불어넣으려고 애쓰면서 샤뻴
을 다시 열게 해 달라는 청원을 하지만 전략적 차원에서 불가하다는 답
을 듣게 된다. 그러니 1807년 4월 4일 샤뻴이 다시 열리기까지 텅 비어
있었던 셈이다. 4월 3일 경매에서 그는 18세기에 만든 "아기 안은 성모
상"을 사게 되는데 성모가 들고 있던 왕홀은 대혁명 때 사라지고 꽃다

발로 대체했기 때문에 동상 이름이 "부케를 든 성모"가 된다. 4월 4일 아침 8시 맨발의 남자들이 엄숙하게 운반한 이 성모상은 지금은 지하묘지의 재단 위에 놓여 있다.

　2023년에 이 바실리크를 방문하고 대단히 놀란 점은 방문객이 너무나 많아졌다는 점이었다. 예전에 방문했을 때는 바실리크 규모에 비해 어찌 이리 사람이 없나 싶을 정도였다. 맨 처음에는 구 항구에서 버스를 타고 올라왔기 때문에 주차에 신경 쓸 필요가 없었고, 두 번째는 차를 가지고 올라와 바로 바실리크 코앞에 주차를 했었다. 바실리크에도 우리 일행 밖에 없어서 정말 한가롭게 구경을 했는데, 이번에는 하필 일요일 오후에 일정이 잡혀서 그 동네에 가 보니 사람도 많고 차도 많아서 동네를 아무리 돌아봐도 도무지 주차 공간이 없어서 다음 날(월요일) 오전 일찍 가면 괜찮겠지 하고 갔더니 다행히 차는 바실리크 바로 앞에 세울 수가 있었다. 하지만 바실리크에는 엄청난 인파 때문에 사진 한 장

찍을 때도 눈치를 봐야 할 정도였다. 코로나 때문에 한 동안 여행을 못
해서 그런가 아니면 다른 이유가 있을까? 아무튼 앞으로 이 바실리크를
방문할 분들은 가능하면 평일에 갈 것을 권하는 바이다.

info

Paris 동남쪽 775km

Nice 남서쪽 200km

Aix-en-Provence 남서쪽 30km

Avignon 동남쪽 96km

김인중 신부의 스테인드글라스

김인중 신부의 스테인드글라스로 빛나는 브리우드 <u>Brioude</u> 의 바실리크

바실리크 전경

브리우드(Brioude)는 인구 6,500명 정도가 살고 있는 소도시인데 11세기에 지은 성 줄리앙 바실리크로 유명하다. 이 바실리크에 김인중 신부가 스테인드글라스 36점을 설치한 후 관광객 수가 3배 이상 늘었고 미슐랭이 주는 점수도 1점에서 3점으로 올라간 것은 온전히 김 신부의 작품 덕분이라니 참으로 자랑스럽다.

나는 2013년과 2023년 두 번 이 바실리크를 방문하게 되었는데 변

김인중 신부의 스테인드글라스   아름다운 후진

한 것이 있다면 프레스코화가 아름다운 미카엘 샤뻴을 예전에는 자유
롭게 개방했었는데 이번에는 가이드를 동반하지 않으면 굳게 잠긴 문
밖에 볼 수가 없었다는 점이다. 2013년에 꼼꼼하게 관찰했던 것이 얼
마나 다행인지 모르겠다.

성 줄리앙 바실리크 la Basilique Saint Julien

 4세기에 줄리앙 성인 무덤 위에 세운 교회는 화재로 소실되고, 지금
의 바실리크는 넘쳐나는 순례객을 맞아들이기 위해 11세기에 로마네스
크 양식으로 세워졌다. 이후 대혁명 때 아름답던 스테인드글라스가 파
괴되었고 2008년에 50여 명의 참가자 중에서 뽑힌 김인중 신부의 스테
인드글라스로 장식되어 오늘에 이르고 있다. 성경 내용이나 성인들의
생애를 주제로 하여 제작했던 그 전의 작품들과는 확연히 다른 김 신부
의 작품에서 〈빨강색〉은 순교의 피, 〈푸른색〉은 샘과 세례의 물, 〈노랑
색〉은 부활을 의미한다고 한다.

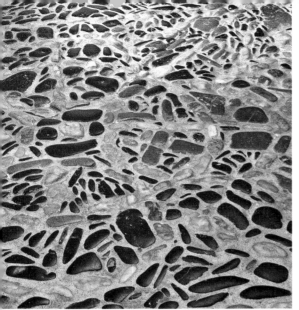

바실리크 바닥에 깔린 조약돌 　　　　　　　　　　 기둥머리장식

성당의 외관은 다른 성당들하고는 많이 다르다고 할 수 있는데, 기본적으로는 로마네스크 양식으로 색깔이 다른 벽돌을 사용하여 화려하고 여성스러우며 비잔틴 양식을 취하고 있다.

성당 안으로 들어가서 특히 주목해서 봐야 할 것

① 김인중 신부의 현대적인 스테인드글라스 36점과 ② 아름다운 후진 ③ 바닥을 기하학적으로 아름답게 덮고 있는 울긋불긋한 돌들 ④ 다양한 기둥머리들은 성경에서 영감을 받아 기괴한 투사. 장엄 예수, 기도하는 천사, 무덤에 간 성녀라든가, 옛 신화에 나오는 내용을 담은 사자머리+양의 몸+용의 꼬리를 기진 괴물, 반인 반어, 양식화된 종려나무, 아칸서스 이파리, 날개 달린 요정들, 우두 인신의 괴물, 양을 메고 가는 사람, 원숭이를 길들이는 사람, 장부를 들고 있는 구두쇠, 기사들의 결투 등 11세기에 조각한 300점이 넘는 로마네스크 양식의 기둥들이 눈을 사로 잡는다.

샤리올의 성모

나병 걸린 예수

출산하려는 마리아

세라핀 천사

성배를 들고있는 천사들

비잔틴풍의 옷을 입은 천사들

성인 야고보 상

미카엘 샤뻴의 프레스코화

영혼을 갉아먹는 악마들

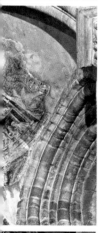

⑤ 14세기의 샤리올 성모 마리아(la vierge dite du Chariol)인데 이 작품은 화산 돌로 만든 성모상이다. ⑥ 14세기에 채색된 나무로 조각한 출산하는 마리아(La vierge parturiente)로 누워서 오른손으로 머리를 받치고 왼손은 배 위에 살포시 얹고 미소를 지으며 아기를 기다리는 평온한 얼굴 모습은 예술적 가치가 높으며, 출산하는 마리아상은 매우 희귀하다. ⑦ 십자가의 예수(Christ en Croix) 이 동상은 14세기에 나무에 채색을 하여 조각한 예수상인데 십자가에 박은 못에 온 체중을 맡긴 채 고뇌에 가득차고 기진맥진한 모습이 인상적이다. 이 동상은 〈나병에 걸린 예수〉라고도 불리는데, 전설에 의하면 나병 수용소의 어떤 환자가 자신의 병을 낫게 해달라고 애원하면서 동상 위에 엎드려 기도 했는데 그의 병이 동상으로 옮겨가서 이런 형상을 띠게 되었다고 한다. 예수의 몸에 드러나 있는 많은 상처 자국은 나병의 흔적으로 여겨지는 셈이다. ⑧ 성 야고보 상(Statue de Saint Jacques de Compostelle)은 대리석으로 조각한 산티아고의 성 야고보 동상과 ⑨ 성 미카엘 샤뻴(chapelle saint Michel)을 볼 수있다. 회중석 입구 오른쪽 좁은 나선형 계단을 통해 올라가면 나오는 이 샤뻴은 약 40㎡의 직사각형 모양인데 온통 화려한 프레스코화로 덮혀 있다. 12세기 말에 이 교회의 참사회는 교회의 넓은 특별석 남·서쪽 귀퉁이에다가 미카엘 성인을 기리는 샤뻴을 꾸미기로 결정했다. 남쪽 벽에는

강복하는 그리스도

지하에 있는 줄리앙 성인의 유해

옷을 잘 차려입은 지체높은 두 사람에게 한 천사가 화환을 씌워주고 있는데, 이 샤뻴을 지을 때 기부한 사람으로 보인다.

샤뻴에 그려진 프레스코화의 전체적인 분위기는 비잔틴 양식을 띠고 있다고 볼 수 있다. 나는 개인적으로 이 샤뻴이야말로 바실리크의 꽃이라고 생각한다.

천정에는 〈영광의 그리스도〉가 왕좌에 앉아 축복하고 있고, 네 귀퉁이에는 복음사가의 상징인 사자, 황소, 독수리 그리고 날개 달린 사람이 그려져 있다. 그리스도 주위에는 많은 천사들이 제 각각 다채로운 빛깔의 옷을 입고, 다양한 모습으로 서 있는데, 이 그림을 보고 있노라면 예술가의 색채를 다루는 솜씨에 경탄하지 않을 수가 없다. 천사들 중의 한 무리는 성체성사의 메시지를 전하기 위해 성배를 들고 있고, 한 천사는 깃발을 들고 서 있다.

북쪽 벽은 두 개의 영역으로 나눌 수가 있는데, 아래 부분은 지옥을 나타낸다. 초록색을 띠고 길게 누워있는 악마의 몸통이 거의 자리를 다 차지하고 있고 어두움으로 표현된다. 바닥에는 잉걸불이 빨갛게 타고 있는데 꺼지지도 않고 그렇다고 밝게 빛나는 것도 아니다. 괴로워하는 악마의 몸통과 지옥에 떨어진 사람들이 숨막히게 얽히고 설킨 채 우굴 거리고 있다.

지옥 문 오른쪽에는 두 악마가 지옥에 떨어진 사람(작은 사람의 형상 으로 그려진)의 영혼을 빼앗아 활짝 열린 문을 통해 지옥에 던지려고 하고 있는데, 이것은 〈즉석 심판〉을 표현한 것이고 이 영혼은 〈최후의 심 판〉에서 다시 재판을 받게 될 것이다. 〈최후의 심판〉은 죽은 자의 부활 장면과 세상의 종말을 알리기 위해 나팔을 부는 천사들이 나타나는 장 면으로 되어 있다.

위쪽에는 미카엘 대천사(왼쪽 빨간 옷)가 〈최후의 심판〉때 영혼의 무게 를 달고 있고, 오른쪽에는 그가 단칼에 사탄을 잘라버리는 사람으로 표 현되어 있는데 사실 사탄이 보이지는 않는다.

서쪽 벽에는 〈선〉과 〈악〉의 투쟁이 그려져 있는데, 여기서 〈선〉은 창 을 들고 그것을 목에 꽂아넣는 〈고귀한 부인들〉로 표현되어있다. 반면 에 텁수룩하고 땅에 고꾸라져있는 작은 사람은 〈악〉을 나타낸다. 물론 〈선〉이 〈악〉을 이기는 것으로 결말이 나는 것은 당연하고, 〈선〉의 두 머 리 사이 서쪽으로 성령의 비둘기가 보이고 동쪽으로는 신의 강복하는 손이 보인다. 그리하여 이 샤뻴은 성 삼위일체(성부의 손, 그리스도, 성령의 비 둘기)의 보호를 받고 있음을 의미하는 것이다.

마지막으로 ⑩ 지하묘지에는 제단 채광탑 아래 줄리앙 성인의 유해 가 모셔져 있고, 성인의 유해가 담긴 성합이 대리석 위에 놓여 있는데 카로링거 시대부터 있었던 성인의 무덤의 일부를 이루고 있다. 오른쪽 바닥은 순례자들이 수 세기에 걸쳐 무릎을 꿇어서 움푹 파인 것을 볼 수 있다.

줄리앙 성인은 누구인가?

줄리앙은 디오클레티아누스(Dioclétien 245-316. 로마황제)의 박해를 피해 비엔느(Vienne)에서 도망쳐 나온 로마 병사로 브리우드에서 붙잡혀 목이 잘려 머리만 비엔느로 보내진다. 두 노인이 그의 시신을 거두어 공동묘지에 매장할 때 〈젊음의 활기〉를 되찾는 기적을 경험하게 되는데, 이런 기적은 다른 많은 사람들에게도 일어나게 되었다. 그의 무덤 위에 교회가 생겨나고 순례자들이 줄을 잇게 되자 교회는 점점 커져서 11세기에 이 아름다운 바실리크가 완성되게 되었다. 그의 축일은 8월 28일이다.

2013년에 있었던 에피소드와 2023년의 뜻밖의 행운

2013년 여름에 37박 프랑스 여행 중 브리우드가 포함 되었지만 호텔은 50km 이상 떨어진 대도시에 정했었다. 대낮에 그 도시에 도착했건만 우리가 예약한 호텔을 도무지 찾을 수가 없어서 도시 한복판을 열바퀴쯤 돌았던 것 같다. 사람들에게 물어봐도 아주 쉽게 "저기요. 아주 찾기 쉬운데(...)" 그 쉬운 곳을 왜 못 찾느냐고 힐난하듯이 대답하는 사람들이 대부분이었다. 우리가 걸어서 다녔으면 쉽게 찾았을 것인데 차를 타고 빙빙 돌았으니 고생을 했던 것이라는 걸 나중에 알게 되었다. 끝내는 차를 주차장에 세우고 걸어서 가다 보니 예약한 호텔이 보였다.

대형마트 2층부터가 호텔로 이용되고 있었는데 차를 타고 휙휙 지나면서 작은 간판이 잘 보이질 않았던 것이다. 그런데 호텔 프론트에 가서 확인을 하니, 예약 확정이 안 되었다는 정말 믿을 수 없는 말을 하면서 인근 호텔을 소개해주는 것이었다. 당황스러웠지만 그나마 다행이라 생각하면서 호텔에 짐을 풀고, 오후에는 브리우드에 가서 바실리크를 구경하고 저녁에 바실리크에서 바이올린 연주회가 있다기에 무리해서 연주회까지 잘 감상을 했다. 연주회가 모두 끝나고 밤이 깊어 우리 호텔 옆 주차장에 도착했는데 어떤 백인 남성이 다가오더니 '세상에나' 우리가 그렇게나 찾아 헤맸던 그 호텔이 어디 있는지를 물었다. 그 사람도 우리가 동양인인걸 알고 아차 싶었을 것 같다. 하지만 우리는 아주 자랑스럽게 위치를 알려주면서 참 뿌듯했던 기억이 난다. 늦은 시간이라 길에 사람도 없었는데 우리를 만난 그 사람이야말로 정말 운이 좋은 사람이 아닌가 싶다.

2023년에는 브리우드에서 쌀레르(Salers)로 가는 길에 예상치 않았던 아슬 아슬한 산길을 가게 되었다. 1,000m가 넘는 산 허리에 뱀처럼 구불 구불 나 있는 외길을 가는데 구름에 가려졌다가 나타났다 하는 높은 산을 만나게 되었다. 한 여름에도 몰아치는 바람이 너무 추워서 정상에 있는 찻집에 들어가 몸을 녹여야 할 정도로 희한한 곳이었다. 그곳은 해발 1,783m로 유럽에서 가장 거대한 화산 폭발 장소라고 하는 르 뷔 마리(Le Puy Mary)인데 계획에 없던 곳이라서 더 오래 즐거운 추억을 선사해 줬던 곳이 되었다.

info

Le Puy-en-Velay 북서쪽 58km

Lyon 남서쪽 180km

Clermont-Ferrand 동남쪽 73km

까레낙 마을전경

성 베드로 교회의 조각이 아름다운
까레낙 <u>Carennac</u>

까레낙의 성 베드로 교회 합각벽의 조각

까레낙은 400여 명이 살고 있는 아주 작은 마을이지만 볼거리가 아
주 많은 곳이다.

성 베드로 교회 L'église Saint Pierre de Carennac

1047년에 지은 교회인데 13세기에 조각한 합각벽의 조각이 아주 훌
륭하다. 장엄 예수가 후광 안에서 책을 들고 강복하는 모습으로 화려하

성 베드로 교회의 내부

기둥머리의 조각

게 장식된 왕좌에 앉아 있고, 복음 사가를 상징하는 천사, 독수리, 사자 그리고 황소가 예수를 에워싸고 있는가 하면 4등분된 구도 속에는 12 사도가 천상을 응시하고 있으며 아래 부분에는 우리에게 친숙한 동물들이 새겨져 있다. 교회 내부는 3개의 회중석이 두꺼운 기둥으로 나뉘어 있고 라틴 십자가형 북쪽에 샤뻴들이 있는 구조다. 30여 개의 기둥머리는 엮음 장식과 환상적인 동물들, 종려나무 등으로 돋을 새김 기법으로 장식되어 있다.

교회 안으로 들어가기 전에 있는 왼쪽 기둥머리 위에 석공의 이름들 (GIRBERTUS, EMENTARIUS 등)이 라틴어로 새겨있다. 정사각형의 종탑은 로마네스크 양식으로 익부의 교차점 위에 솟아 있다.

내진에는 14세기에 하얀 대리석으로 만든 〈아기를 안은 성모상〉이 있고 후진 오른쪽에는 나무로 만든 〈연민의 성모상〉이 있다. 소위 〈3명의 죽은 자와 3명의 산 자〉는 3명의 죽은 자에 의해 무덤 속에서 질문받는 3명의 젊은 신자를 보여주는 벽화로 인생의 짧음과 영혼을 구원하는게 얼마나 중요한가를 환기시켜준다. 참고로 교회 바로 옆에 있는

기둥에 새긴 석공의 이름   정원의 회랑

여행안내소에서 입장료(2023년 당시 3 유로)를 내면 경내 정원에 들어갈 수 있는 동전을 준다.

경내 정원 Le cloître

수도사들의 명상의 장소인 경내 정원은 서로 다른 두 가지 양식으로 되어 있는데, 12세기 로마네스크 양식은 백년 전쟁 때 파괴되어 지금은 북쪽 회랑에만 남아 있는데 쌍을 이루는 기둥으로 된 아케이드와 조잡하게 조각된 머리들이 특징이다. 3개의 회랑은 15세기의 화려한 고딕 양식으로 재건되었다. 1928년부터 보수 공사를 하긴 했으나 여전히 폐허의 매력을 간직하고 있다. 백년 전쟁에 이어 대 혁명을 거치면서 주인이 여러 번 바뀌면서 회랑은 마굿간, 돼지우리 그리고 헛간으로 쓰였기 때문에 화려했던 회반죽이 떨어져 나가고, 기둥은 뽑혀나가고, 조각품들과 홍예는 불태워졌다.

이곳의 구조는 다른 곳과는 많이 다른데, 나선형 계단을 통해 위층으

정원의 물길을 예쁜 조약돌로 　　　　　　　좋은 터를 알아본 제비들

로 올라갈 수 있다. 위 층은 사실 섬세하다거나 하진 않지만 탁 트인 하늘과 아름다운 지붕을 볼 수 있어서 특별하다.

참사 회의실 La salle capitulaire

수도사들이 모이는 참사회의실에는 15세기에 제작된 〈예수 무덤에 들어감(Mise au Tombeau)〉이 있는데, 희귀하고 값진 작품이라는 것을 알아 본 한 관리가 수도원의 판매 물품 목록에서 살짝 제외시킨(빼돌린?) 덕분에 대 혁명의 와중에서도 훼손되지 않고 지금까지 전해지게 되었다고 한다. 살포시 감은 눈, 반쯤 벌린 입, 아직도 옆구리에 피를 흘리는 모습, 가시관이 옥죄고 있는 머리 등 인물들의 고뇌에 찬 표정이 생생하다. 가운데 울고 있는 성모 마리아를 요한 성인이 붙들고 있고, 클레파스의 아내 마리아, 마리 살로메와 막달라 마리아, 얼굴에 부드러운 미소를 띠고 있는 그리스도는 돌 테이블 위에 늘어져 있다. 예수의 수의는 충직한 두 사도인 조셉 아리마티와 니코데모가 붙들고 있다. 옷을 잘 차려입은 조셉은 거만하면서도 고귀한 풍모를 자랑한다. 그가 바로 빌라

예수 무덤에 들어감   2층 회랑에서 본 지붕

도에게 예수의 시신을 당당하게 요구했던 장본인이다. 유대인들이 쓰
는 보네트를 착용한 니코데모 역시 사치스런 복장을 하고 있고 허리에
는 염낭을 차고 있다. 그들은 슬픔에 겨워 어깨를 축 늘이고 서 있다. 조
셉 뒤에는 막달라 마리아가 머리를 풀어 헤친 체 손에는 향유 병을 들고
울면서 눈물을 훔치고 있다. 마리 살로메는 기도하고 있고, 클레오파스
의 아내인 마리아는 성모 마리아를 부축하고 있다. 성모는 예수가 가장
사랑했던 제자 요한에게 팔을 맡긴 체 거의 실신 직전의 모습이다. 이
작품은 보기 드물게 완벽한 작품으로 꼽히고 있다.

　이외에도 성 니꼴라, 성모를 교육하는 안나 성녀, 알렉산드리아의 카타
리나 성녀, 성 요한 그리고 피에타 상이 있다. 그리고 벽에는 아주 고전적
인 양식의 기둥으로 나뉘어진 부조 8점이 있는데, 아래 왼쪽부터 〈수태
고지〉, 〈예수탄생〉, 〈목동에게 알림〉, 〈동방박사의 경배〉, 〈최후의 만
찬〉, 〈예수 붙잡힘〉, 〈예수의 수난〉, 〈예수 부활〉이다. 가운데 기둥에는
이 작품 제작을 위해 기부한 알랭 페리에르(Alain Ferrières)가문의 문장(紋
章)이 새겨져 있다. 천정에는 아름다운 홍예를 볼 수 있는데 〈강복하는
손〉과 〈희생 양〉 두 점이다.

마리아를 가르치는 안나 성녀

알렉산더의 성녀 카타리나

성 요한

예수의 생애와 수난

페늘롱(Fenelon)

홍예(강복하는 하느님의 손)

성모 샤뻴 Chapelle Notre Dame de Carennac

1350년에 이 지방 출신인 기(Gui)와 레이몽 텍스토리스(Raimond Textoris) 형제가 공동묘지 옆에 3개의 제단과 두 개의 종을 갖춰 신과 성모 그리고 성인들께 영광을 돌리는 교회를 작은 정원 안에 지었다. 옛날에는 세례도 베풀고, 결혼식도 하고, 장례식도 거행했던 동네 교회였다.

박공 위 왼쪽에 혁명적 표어(자유. 평등. 박애:LIBERTÉ, ÉGALITÉ, FRATERNITÉ)가 쓰여 있으나 세월 탓인지 유심히 살펴보지 않으면 잘 보이지 않는다. 지금은 안전상의 문제로 대중에게 개방하지 않아 몹시 아쉽다.

성 Château des Doyens

경내 정원을 나와 교회 오른쪽으로 가면 나오는 성으로 수도원장의 성이다. 16세기에 지은 멋진 성으로 조각한 천정과 각진 망루를 갖춘 르네상스 양식의 성인데 화려한 방은 17세기에 그린 놀라운 그림으로 가득차 있다.

루이 14세 손자의 스승이었던 페늘롱(Fénelon:1651-1715)이라는 이름이 이 성에 붙여진 것은 1681-1695년 까지 그가 이 성의 수석 사제였기 때문이다.

프랑스와 페늘롱 François Fénelon

일찍이 수도회에 들어가 전도사를 꿈꿨으나 몸이 허약하여 개종한 수녀회를 지도하다가 낭트 칙령이 폐지되자 칼빈 주의자들을 개종시키는 일을 하게 된다. 그 후 루이 14세 손자의 사부가 되었는데 그 아이가 고

노트르 담 샤뻴　　　　　　　　　　　학장의 성(chateau des doyens)

집이 셌지만 페늘롱은 부드러우면서 위엄있는 태도로 교육하여 성공적으로 훌륭한 인물로 키워냈다고 한다. 그는 신학자, 교육자로도 명성을 얻었고 이 후 대주교에 임명되었다.

수도원의 문 La porte du Monastère

성 베드로 교회로 들어가는 성벽에 있는데 원래는 수도원을 보호하기 위해 지었기 때문에 벽의 두께가 엄청나고 경첩의 흔적도 볼 수 있다. 방어와 감시를 했을 돌출 총안이 불쑥 앞으로 돌출해 있다.

칼립소 섬 île Calypso

동네 앞을 흐르는 강 줄기가 둘로 갈라져 마치 섬처럼 된 곳이 있는데 지금은 숲이 울창하고 멀리서 바라 볼 수 있는 곳이다. 그리스 신화에서 유리씨즈를 유혹하고 그의 아들 텔레마크를 접대한 매혹적인 님프 칼립

칼립소 섬 앞에서 뱃놀이 하는 젊은이들

요새화된 수도원의 문

소의 이름을 따서 지은 이름이다. 구전에 의하면 페늘롱이 루이 14세의 손자에게 조심하라는 교육적 차원에서 〈텔레마크의 모험(Les Aventures de Télémaque)〉을 집필했다고 한다.

info

Rocamadour 북동쪽 21km

Cahors 북동쪽 80km

Conques 북서쪽 95km

Saint-Céré 북서쪽 15km

남의 집 앞에서

중세의 영광이 살아 숨쉬는 마을
리뫼이유 <u>Limeuil</u>

아름다운 골목

　도르도뉴(Dordogne)강가에 자리잡고 있는 가장 아름다운 중세 마을 중의 하나로 산티아고 순례길에 있으며 지금의 인구는 300여 명 정도지만 18세기에는 수상 운수업의 중심지로 번영과 부를 누렸고 장인(匠人)의 숫자가 80명이나 되었던 마을이다.

　그 당시에 뱃사람들로 북적였던 〈랑크르 드 살뤼(L'ancre de Salut)〉와 〈르샤이(Le Chai)〉는 지금도 이 동네의 가장 중요지점에 있으며, 아직도 식사 시간에는 줄을 서서 기다릴 정도로 성업 중이다. 특히 〈랑크르 드 살뤼〉은 테라스 바로 앞이 두 냇물이 만나는 지점이기 때문에 경관도 아주 훌륭하다. 예전에 〈랑크르 드 살뤼〉은 뱃사람들이 신고하는 사무실이었고, 〈르샤이〉는 상품을 쌓아두는 장소로 쓰였다. 〈랑크르 드 살뤼〉는 〈도움이 되는 유일한 장소〉라는 뜻인데, 이런 이름이 붙은 것은 조류 때문에 곧장 항구에 배를 대기가 어려워서 정박하기 전에 "안녕"이라고 짧게 인사할 시간조차 없었기 때문이라고 한다. 배들이 항해할 수 있는 계절은 비가 많이 오는 봄과 눈이 녹아 수량이 풍부해지는 가을이었다.

레꼴레 수도원 Le Couvent des Récollets (성 프란치스코회 수도원)

17세기에 지어져 대혁명 전까지 프란치스코회 수도사들이 살았다. 이들의 임무는 이 지역에 개신교가 세력을 확장할 때 소수인 카톨릭 교도들을 지지하고 옹호해 주는 것이었다. 지금은 수도원 기능은 사라지고 읍사무소와 우체국으로 쓰이고 있다. 이 건물의 테라스는 두 강물이 합류하는 경치를 바라보며 힐링할 수 있는 좋은 장소이다.

성녀 까트린느 교회 Église Sainte Catherine

14세기에 지은 교회로 19세기부터 교구 교회로 사용되었으며 베제르(Vézère)계곡에 성 마르땡(Saint Martin)교회의 부속교회로 지어졌다. 네오클라식 양식의 대문 위에는 〈아기 예수를 안은 성모(La Vierge à L'Enfant)〉가 있는데 전설에 의하면 눈병을 고치는 효험이 있다고 한다. 1840년 본당 신부가 만성적인 안질로 고통을 받았는데 젖은 손수건을 성모상에 댔다가 자신의 눈에 얹었더니 신기하게도 고통이 사라졌다는 것이다. 마을에 있는 옛 시장 건물에서 나온 자재를 이용해서 이 교회를 보수했다고 한다. 교회안으로 들어가면 〈운송업자들의 검은 성모상(La Vierge

카타리나 성녀 교회의 후진 　　　　　　　　　　　카타리나 성녀

des bateliers)〉이 있다. 이 마을이 강을 옆에 끼고 있어서 운수업으로 살아가고 있었으니 뱃사람들을 보호해 주는 수호신이 절실하게 필요했을 것이다. 전설에 따르면 종교 전쟁 때 이 성모상은 강물 속에 던져졌다가 조각들이 다시 건져져 성모상이 복원되었다. 성녀 카타리나를 그린 스테인드글라스도 아름답다.

구멍가게 L'Échoppe du Tailleur

이 작은 가게는 제단사의 작업장이었는데, 이 좁은 가게 안에서 옷을 맞추고 곧바로 가봉도 했다고 한다.

놀라운 건축술

이 동네의 골목을 다니면서 집들의 정면을 보면 이 지방의 역사를 짐작해 볼 수 있는데, 건축 양식은 경제 발전과 함께 시대 상황하고도 밀

구멍가게

독특한 건축양식의 집

접한 관계가 있다는 점이다. 이 마을은 12~13세기에 마을이 커지고 인구가 폭발적으로 늘었으며 장사가 아주 잘 되었다. 14~15세기에는 집을 짓는 일이 저조했는데 그 이유는 백년 전쟁 때문이었다. 그러다가 15세기 말에는 전쟁이 끝나고 다시 건축이 활발해졌다. 16세기에 들어 동네가 더욱 부유해지면서 창문을 창살대로 장식하는 등 새로운 건축 양식으로 집을 지었으니 그것이 바로 르네상스 양식의 건축술이었다. 중세와 르네상스 시대의 집 정면을 보면 박공은 벽의 꼭대기에 세모꼴로 자리 잡고 있는데, 그 이유는 최소의 공간에 지으면서 길 쪽으로 더 많은 스페이스를 차지하기 위함이었다. 빗물받이 홈통은 개수대나 변소의 돌을 떠받치고 있는데, 거기서 쓴 물은 두 집을 가르는 공간에 버렸다고 한다.

돌을 얇게 쪼개어 얹은 지붕 Les toits de Lauzes

이 지방의 독특한 양식으로 오래된 집들, 저택들 그리고 성들의 지붕

얇은 돌판으로 만든 지붕

을 보는 것 만으로도 눈을 즐겁게 만든다. 이 지방을 여행하는 동안은 계속해서 황금빛과 황토색을 띠는 아름다운 지붕을 보게 된다. 세월이 흐르면서 습기를 머금은 지붕은 점점 색깔이 진해진다.

　지붕을 얹는 기술은 대대로 이어져 내려오는 비장의 기술로 제곱미터당 300~900㎏의 돌을 겹쳐 놓으려면 우선 돌을 아주 얇게 재단을 해야만 한다. 금은 세공사의 작업과 견줄 만큼 세밀한 작업인 것이다. 그런데 지붕을 유심히 보면 약간 기울어져 있다는 인상을 갖게 되는데 그것은 지붕을 지탱하는 벽 위에 무게를 분산하려고 일부러 그렇게 하는 것이다. 한번 돌이 놓이고 나면 지붕에서 돌이 떨어지는 일은 절대 일어나지 않는다고 하니 놀라운 기술 아닌가?

info

　　　Sarlat-la-Canéda 서쪽 34km

　　　Bergerac 동쪽 41km

　　　Périgueux 남쪽 47km

　　　Rocamadour 서쪽 86km

이 세상 끝
생 기엠 르 데제르 <u>Saint Guihlem-le-Désert</u>

그늘진 거인의 성

　이 마을은 2012년에는 남편과 둘이 한 여름에, 그리고 2023년에는 여자들 넷이 오월에 방문했는데 두 번을 가도 역시 감탄이 저절로 나오는 아름다운 마을이다. 245명 정도가 살고 있는 아주 작은 마을인데도 불구하고, 남편과 나는 숙소를 찾지 못해 골목을 여러 번 왔다 갔다를 반복했던 기억이 있다. 젤론계곡에 숨듯이 자리 잡고 있는 이 마을은 가장 아름다운 마을이기도 하고 산티아고 순례길이기도 해서 많은 관광객이 모여드는 곳이다.

수도원 교회 내부   수도원

 샤를마뉴 대제의 사촌이자 찰스 마르텔의 손자인 윌리엄(750-812:프
랑스에서는 "기엠"이나 "기옴"으로 부름)이 스페인을 점령한 사라센과 대적하여
싸워 이긴 전쟁을 기념하기 위해 자신의 이름을 여기저기 많이 붙여줬
는데, '생 기엠 르 데제르'도 그 중 한 곳이다. 기엠은 카로링거 시대의
가장 중요한 사람들 중 한명으로 꼽히는 인물로 무훈시의 주인공이 될
정도였다.

 이 동네 이름에 붙어 있는 데제르(Désert)는 사막처럼 황폐하고 사람
이 살지 않아서 붙여진 이름이다. 파란만장한 전투가 끝나자 기엠은 모
든 것을 내려놓고 이 마을에 은퇴하기로 결정한다. 그가 이 마을에 뿌
리를 내리기 이전에도 이미 초기 기독교 은자들이 숨어 살았던 곳이다.
그는 804년에 세상과 동떨어진 젤론(Gellone) 계곡에 샤를마뉴 대제가
하사한 진짜 십자가를 모시기 위해 수도원을 세운다. 812년 그가 죽은
후 10세기부터 젤론은 영적으로 명성을 얻게 되고 수도원은 산티아고
순례길의 거점이 된다. 그러다가 15세기부터 수도원은 서서히 쇠퇴하
기 시작하고 대혁명 때는 동네 교회로 전락하고 말았으며 수도원 건물
은 국가에 귀속된다.

생 기엠의 유해 · 예수의 진짜 십자가 일부

수도원의 역사 Histoire de l'Abbaye

수많은 전투에서 승리한 기엠은 804년 12월 14일 자신의 땅을 기증하고 수도원을 세워 806년 이곳에 은거하면서 수도사가 된다. 812년 그가 죽고 10세기부터 수도원은 진정한 순례 장소가 된다. 경내 정원 귀퉁이에 매장되어 있던 기엠 성인의 유해는 신자들이 경배할 수 있게 교회 안에 안치된다.

12세기에 들어와 순례의 물결 덕분에 이 수도원은 산티아고 순례길의 중요한 거점으로 부상하게 되고 번영의 길을 걷게 된다. 나라를 위해 헌신한 공을 치하하기 위해 샤를마뉴 대제가 기엠 성인에게 하사한 예수의 십자가 조각과 성 기엠의 유해 덕분에 많은 신자들이 몰려들었기 때문이다. 그의 유해 대부분은 1817년 끔찍한 홍수로 인해 유실되고, 몇 개의 뼈 조각을 담은 성골함이 제단 오른쪽에 놓여있고 예수 십자가 조각들은 미사 중에도 순례객들이 참배할 수 있도록 연단을 만들어 하얀 대리석 관에 모셔 놓았다.

이 십자가는 종교 전쟁이나 대혁명 당시의 신성모독으로부터 화를 면했고, 지금도 이 귀한 유물은 열렬한 숭배의 대상이며 5월 첫 일요일에 십자가의 축일이 엄숙하게 거행된다.

이 수도원의 절정기에는 수도사가 100여 명에 이르렀고 순례자들의 기부금이 늘어나 위세와 부를 누렸다. 그러다가 14세기부터 점차 쇠퇴하기 시작하는데, 이유는 1438년에 발표된 부르쥬 칙령(la pragmatique Sanction de Bourges)에 따라 수도사들이 원장을 뽑는 것이 아니라 왕이 성직자 중에서 원장을 임명했기 때문이다. 이 개혁으로 젤론 수도원은 부와 명성에 심각한 타격을 입게 되는데 임명된 원장들이 수도원의 이익에만 몰두한 나머지 수도사를 모집한다거나, 수도원 규칙을 지키는 것에는 별 관심이 없었기 때문이다.

1569년 종교 전쟁이 일어나자 수도원은 개신교도들에게 빼앗겨 귀중품들이 많이 망가졌다. 수도원 건물, 참사회실, 수도사 식당, 공동침실 그리고 독방들이 훼손되어 남아 있던 16명의 수도사가 더 이상 공동생활을 못 할 형편이 되어버렸다. 1644년 수도원 건물이 재건되고 정원, 수도사 식당, 공동 침실 그리고 참사회실이 보수되어 수도사들이 다시 머물 수 있게 되었다. 대혁명 때는 교회를 제외한 수도원이 국가에 팔려 수도원 건물은 제사공장과 피혁공장으로 변하고, 정원은 석공에게 팔려 채석장으로 변하고 말았다. 많은 곡절을 겪고 난 후 지금은 정상을 찾아 많은 사람들이 진정으로 좋아하는 마을이 되었고, 수도원은 1998년에 유네스코 문화유산에 등재되었다.

교회 모습 Description de l'Église

자유 광장(place de la liberté)에서 보면 젤론 수도원의 서쪽 정면이 보인다. 문으로 들어가면 교회 현관(narthex)과 수도자 식당(réfectoire)이 있는데 현관은 정사각형으로 첨두형 궁륭을 하고 있으며 가장자리의 돌 의자는 순례객들이 잠시 쉴 수 있는 공간이다. 교회내부는 장식이 없이 검

세례반

기엠 성인의 제단

소함과 깨끗함을 강조한 점이 특이하다. 벽과 기둥들은 차가운 돌로 되어있다. 회중석은 4개의 기둥으로 구분되고 샤뻴은 3개의 아치형 창문으로 채광이 된다. 후진은 이 교회에서 가장 오래된 부분으로 한 샤뻴은 성 베드로, 또 하나는 기엠 성인에게 헌정되었다.

기엠 성인의 제단 autel

얇은 돋을 새김을 한 〈장엄 예수(Le Christ en Majesté)〉는 15세기까지 교회 정면 높은 탑 속에, 또 그 이후에는 〈석물 보관소〉에 보관되어 있다가 빛을 보게 되었는데 석회석으로 된 이 마름모꼴의 작품은 가운데 〈장엄 예수〉가 후광에 싸여 있다. 화려한 의상은 섬세하면서 아름답게 조각되어 있고, 오른팔을 들고 손을 펼쳐 강복의 자세를 취하고 있으며 왼쪽 손에는 책을 들고 있다. 특히 그리스도의 얼굴은 화려한 이중 후광으로 빛나고 사방에는 복음사가가 에워싸고 있다.(시계방향으로 독수리(요한), 사자(마르코), 황소(루카), 천사(마테오)) 이 작품은 옷의 주름과 기하학적인 모티브로 볼 때 대단히 훌륭한 솜씨를 보여준다.

오른쪽은 예수의 수난도인데 비탄에 잠겨 몸을 수그린 요한과 마리아가 십자가 발치에 서 있고, 그들과 그리스도 사이에는 구원을 받은 두 사람이 무덤에서 나오고 있는 장면을 보여주고 있다.

두 명의 베네딕토 성인

베네딕토 수도사들의 규율을 만들고 수도원을 만든 누르시아의 베네딕토 성인(480-547)은 왼손에 계율서를 들고 있고, 아니안느의 베네딕토 성인(750-821)은 종교 개혁자이면서 자신이 지은 아니안느 수도원의 모형을 들고 있는 분으로 카로링거 시대에 종교개혁 운동을 열심히 한 성인이다. 두 성인 위에 천상의 영광 속에 성 삼위일체를 상징하는 세 사람이 그려져 있는 이 부조는 17세기 말에 아주 아름다운 채색된 나무로 제작된 작품이다.

지하 묘지

지하묘지 Crypte

1960년 역사위원회는 후진 2.5m 아래에서 벽들을 발굴하여 지하묘지가 햇빛을 보게 되었다. 원래는 로마 시대 이전부터 기도

교회 외부

소가 있었고 11세기에 수도원을 재건하면서 개조되었다. 지하묘지는 직사각형으로, 정사각형의 3개의 기둥으로 구분되며 동쪽에 있는 작은 창문을 통해 채광이 된다. 초기 기도소는 10세기에 만든 것으로 샤를마뉴 대제가 기엠에게 하사한 예수의 십자가 조각을 보관했다. 기엠 성인이 급속도로 빠르게 숭배의 대상이 되자 11세기에 들어 기도소는 확장되었고 예수의 십자가 조각은 제단 옆에 모셔졌다.

교회 외부 Exterieur de l'église

수도원 정면은 종탑과 수도사 식당으로 구성되어 있다. 외부에서 주목할 부분은 조화로움이나 장식 면에서 후진을 꼽을 수 있는데, 초기 로마네스크 양식으로 대단한 규모를 자랑한다. 이 후진은 양쪽에 소후진을 거느리고 있고 비스듬한 두 개의 거대한 버팀벽으로 지탱된다. 벽 아래쪽에는 지하묘지의 채광을 위해 세 개의 창이 뚫려있다. 후진 위쪽은 두꺼운 벽을 파내 움푹하게 만든 회랑으로 장식되어 있다. 이 벽감은 이중 아치로 장식하여 아름답기도 하지만 비가 많이 왔을 때 배수를 도와 벽을 가볍게 하는 역할도 했다고 한다.

경내 정원 Le Cloître

수도원 남쪽에 위치하고 있는 경내 정원의 폐허는 회랑이 반만 남아있다. 대혁명 당시 정원은 국가 소유가 되어 채석장으로 쓰였기 때문에 상층부의 회랑은 부셔지고 하층부의 두 회랑도 파괴되었다. 19세기에 들어서 기둥, 기둥 머리, 머리판, 궤 등이 회수되지만 끝내는 미국인 조각가(George Greg Barnard)에게 팔려 지금은 뉴욕에 있는 메트로폴리탄

정원의 회랑

경내 정원

수도원장 베르나르의 와상

카로링거 시대의 아름다운 문양의 거대한 평석

장엄예수

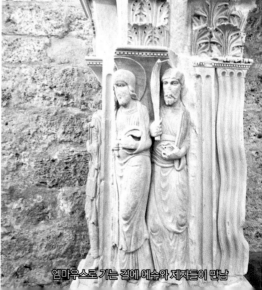

엠마우스로 가는 길에 예수와 제자들이 만남

박물관에 보관되고 있다. 기둥머리는 성서나 역사 이야기로 장식하는 것이 보통인데, 여기는 주로 식물 장식이 많은 것이 특징이다. 그것도 대부분이 신교도들에게 파손되고 6개의 기둥만이 남아 있다.

박물관으로 쓰이고 있는 수도자 식당 Réfectoire

이 박물관에 전시된 오래된 유물들은 종교 전쟁과 대혁명을 거치면서 많이 훼손되었지만 예술적인 면에서 높이 평가받는 가치있는 것들이다. 그 중에서도 수도원장인 베르나르의 와상(1324년 경), 그리스도와 제자들이 엠마우스에서 만남(Rencontre à Emmaüs Christ pèlerin et disciples: 1200년 경), 큰 평석과 네 개의 기둥으로 되어있는 카로링거 시대의 울타리(Chancel carolingien: 9-10세기)는 특히 섬세한 조각이 아름답다. 장엄 예수(Christ en Majesté:1100년 경)도 많은 모욕을 당했음에도 여전히 장인의 섬세한 손길이 느껴지는 작품이다.

가장 아름다운 마을

수도원의 존재와 명성은 마을의 발달과 밀접하게 관계가 된다. 척박한 이 곳에 수도원이 생기자 베르뒤스(Verdus)강 좌안 젤론 계곡을 따라 마을이 생겨났다. 마을은 로마네스크와 르네상스 양식의 가옥들이 아름답고, 반원의 아치와 가운데 기둥으로 한 쌍을 이루는 창문들이 독특한데 대체로 일층에는 상점들이 있고 이층에서 거주한다. 가장 볼 만한 집은 〈로리미의 집(La maison Lorimy)〉인데 화려한 양식으로 보아 수도원의 발전과 함께 어느 귀족이 지었을 것으로 추정된다. 어떤 집은 수도원을 철거하면서 나온 조각품들을 자기 집 정면에 떡하니 붙여 놓은 집도 있다. 집집 마다 '까르다벨(Cardabelle)'이라는 엉겅퀴과 꽃을 말려서 대문에 달아 놓는 꽃잎을 오므리면 비가 온다는 걸 미리 알 수 있다고 한다.

1855년에 심은 나무가 있는 자유 광장은 모든 관광의 시발점이 된다. 광장을 둘러싸고 있는 기념품 가게의 돌기둥에 1907년 9월 26일 홍수로 베르뒤스강이 범람하여 물이 찼던 곳을 표시해 놓은 것을 볼 수 있다. 계곡 물이 마을보다 50m 정도 낮은 곳을 흐르고 있는데 물이 그 높이까지 찼다는 것은 수도원은 물론이고 마을 거의 전부가 물에 잠겼다는 걸 의미한다.

성 로랑 교회 église Saint Laurent

11세기에 지은 교회로 지금은 전시장으로 이용되고 있기 때문에 평소에는 개방을 하지 않는다.. 종교전쟁 때 피해를 입어 폐허로 남았으나 회중석, 버팀벽, 후진에 남아 있는 요새화된 탑을 볼 수 있으니 그 옛날 마을과 수도원을 보호하는 방어체계를 갖추고 마을 입구에 버티고 있었다는 것을 알 수 있다. 탑이 있는 두 개의 문이 있는데 그 중 하나는 〈감옥의 탑(La Tour des prisons)〉으로 아직도 고스란히 남아 있다.

거인의 성 Le château du Géant

마을 뒷산 꼭대기에 세워져서 온 마을을 한눈에 내려다 보는 위치에 지금은 폐허로 남아 있는데, 2001년부터 안전상의 문제로 접근이 불가능하다. 멀리서 기둥만 서 있는 모습을 볼 수는 있는데, 저렇게나 험한 바위산 위에 성을 쌓으면서 많은 희생이 있었을 것은 미루어 짐작할 수 있다. 이 성에는 전설이 내려오고 있는데 그 내용을 간단하게 요약하면

중세시대의 부유한 저택
(La maison Lorimy)

대문에 붙어있는 까르다벨

자유광장

베르뒤스 강

Niveau du Verdus
Inondation
26 septembre 1907

1907년 9월 26일
베르뒤스 강이 범람했다는 기록

성 로랑 교회
(지금은 전시장으로 쓰임)

은자의 성모 마리아   은자의 성모 샤뻴

악마의 다리밑에서 물놀이

아주 무서운 거인과 까치가 마을을 내려다 보는 성에 살고 있었다. 공포에 떨던 주민들이 기엠에게 도움을 청하자 기엠은 하인으로 변장하고 자신의 전설적인 검으로 무장한 채 성을 향해 떠난다. 변장을 했음에도 그를 알아본 까치가 곧장 가서 거인에게 일러 바친다. 자신이 훨씬 우월하다고 생각한 거인은 요새의 문을 활짝 열어 놓는다. 격렬한 싸움이 끝나고 승리를 거둔 기엠은 거인을 들어 절벽 아래로 던져 버린다. 자신의 보호자가 없어진 까치는 도망가 버리고 그날부터 주민들은 평온하게 살게 되었으며, 젤론 계곡은 온갖 새들이 날아 들었지만 어디에서도 까치는 볼 수가 없었다고 한다.

은자의 성모 샤뻴 Ermitage de Notre Dame de Lieu-Plaisant

이 샤뻴은 〈이 세상 끝〉골목 끝까지 간 다음에 오른쪽으로 산으로 올라가 한 시간 정도를 돌 길을 걸어가면 나오는 샤뻴이다. 사실 산을 좋아해서 등산하는 기분으로 가고자 하는 사람들을 말리고 싶지는 않다. 우리 일행도 좀 더운 날씨에 죽을똥 살똥 큰 기대를 가지고 올라갔다. 그러나 우리를 기다리고 있는 것은 자물쇠가 채워진 대문이었다. 미리 공부하지 않아서 일행을 힘들게 해 어찌나 미안하던지... 이 샤뻴은 일 년에 두 번 즉 부활절 월요일과 10월 첫 토요일에만 미사를 위해 대중에게 공개한다고 하니 다음에 가는 분들은 참고하시길.

악마의 다리 Le Pont du Diable

1030년 경 아니안느 수도원과 젤론 수도원이 공동 투자하여 건설한 다리로 프랑스에서 가장 오래되고, 가장 잘 보존된 로마네스크 양식을

다른 방향에서 바라본 악마의 다리

보여준다. 높이 15m, 길이 50m로 반원의 아치가 두 개 있고 범람 시에 물이 잘 흘러가도록 설계된 두 개의 구멍이 나 있다. 다리는 강 속에 박혀있는 바위에 의지해 원래 모습을 잘 간직하고 있어서 유네스코 문화유산에 등재되었고 산티아고 순례길이 되었다.

　이 다리는 사실 전설이 더 유명하다고 할 수 있는데 다리를 건설하는 일은 길고도 험난한 일이었다. 그 이유는 낮에 완성해 놓으면 밤에 악마가 허물어 버렸기 때문이다. 그래서 기엠은 악마와 협상을 하게 되는데, 악마가 3일 안에 다리를 완성하면 기엠은 처음에 다리를 건너는 자에게 자신의 영혼을 내주겠노라고 약속을 한다. 유혹에 넘어간 악마는 곧 작업에 착수하여 다리가 완성된다. 악마는 불쌍한 영혼을 기다리며 기대에 차 있는데 그때 기엠은 쥐에게 다리를 건너게 한다. 속임수에 어리둥절해진 악마는 자기의 작품을 허물어 버리려 했으나 허사로 끝난다. 악마는 분한 마음에 에로(Hérault)강에 몸을 던져 〈검은 소용돌이〉에 떨어져 죽고 말았다 그래서 중세 때부터 이 다리를 건너는 순례객이나

한필남·한계전 부부의 중세 수도원을 가다 두 번째 이야기
수도원 가는 길

베르뒤스 강에서 물놀이

관광객들은 악마가 강 밑바닥에 그대로 있어 주길 바라면서 조약돌을 강에 던지는 풍습이 내려오고 있다고 한다. 이 강은 대단히 깊고 물살도 세기 때문에 위험하지만 여름에는 카누랑 래프팅을 즐길 수 있는 곳이다.

끌라무즈 동굴 La grotte Clamouse(입장료 2023년 기준 15.40 유로)

생 기엠 르 데제르 마을로 들어가는 길 왼쪽에 있는 동굴로 '세월이 만들어 낸 대성당'이라고 할 정도로 장엄하고 어마어마한 규모를 자랑한다. 1945년 8월에 발견되어 9월에 탐험이 시작되었다고 하는데, 발굴하고 탐험구조물을 만드느라 많은 희생도 있었을 것이다. 해가 들지 않는 지하세계에도 생명체인 도룡뇽의 일종(le protée)인 물고기 종류가 살고 있다. ① 유럽에서 혈거하는 유일한 척추 동물이고 ② 눈이 없고 ③ 색소 형성을 못하는 피부를 갖고 있고 ④ 신진대사가 매우 느리고 ⑤ 원래는 슬로베니아에서 살았다는 히멀건 생김새의 물고기가 암막에 덮여 수조에 담겨있다가 가이드가 살짝 보여주는데, 아주 희귀하고 귀한 생

le protée (proteus anguin...)

. le seul vertébré cavernicole d'Europ...
. anophtalme (absence d'yeux)
. peau sans pigmentation
. métabolisme ralenti
. origine: espèce endémique de Slové...

. the only cave-dwelling vert...
  in Europe
  . depigmented and
    anophtalmic
  . very slow metabolis...
  . endemic species fr...
  Slovenia

조명이 켜진 종유석

동굴에 서식하고 있...

A la mémoire de
RAYMOND LABORIE
décédé accidentellement le
14 février 1964 durant le
creusement de ce tunnel

공사중 사망한 사람을 추모함

종유석   동굴

명체인 셈이다. 출구에는 1964년 터널 공사 중에 사고로 사망한 레이몽 라보리(Raymond Laborie)를 추모하는 비석이 세워져 있다.

이 동굴은 정해진 시간에 가이드와 함께 하는 방문만 가능하다. 사실 가이드의 설명을 알아듣기 어려우니 우리끼리 구경하고 싶다고 직원에게 말을 했었는데, 가이드 없이 하는 구경은 얼마나 위험한 일인가 하는 것은 동굴에 들어가서 오 분도 지나지 않아서 저절로 알게 된다.

이 세상 끝 le bout du monde 이라는 이름의 골목

2012년 처음 이 마을에 갔을 때 묵었던 숙소가 〈이 세상 끝〉 8번지였다. 이 골목 끝도 아니고, 동네 끝도 아닌 이 세상 끝이라니... 그런데도 참 멋있고 의미 심장한 이름이라고 생각되었던 골목 이름이었다. 척박한 이 동네에 수도원을 만들 당시에는 화려한 세상과 너무나 멀리 떨어져 이 세상 끝이라고 여겨졌던게 아닐까?

이 동네에서 가장 번화한 골목 중간 쯤에 있는 민박집이었는데 마을 전체의 미관을 생각해서 간판을 튀지 않게 걸어놓기 때문에 정말 찾기가 힘들었다. 광장 그늘에서는 서양인들이 모여 앉아 시원한 음료수를 마시며 여유를 즐기는데 우리 부부는 이 집을 찾기 위해 이 골목을 몇 번이나 왔다 갔다 했는지 모른다.

일단 집을 어렵게 찾아 높고 가파른 계단을 올라가니 별천지가 펼쳐졌다. 정갈한 침구하며 세상과는 완전히 끊어진 것처럼 조용한 분위기가 휴식하기에 안성 맞춤인 집, 이름도 〈즐거운 곳(Lieu Plaisant)〉, 교양이 넘치는 주인 부부는 될 수 있으면 우리와 마주치지 않으려 애썼기 때문에 이틀 동안 편하게 자유를 누리며 마치 내 집처럼 쓸 수 있었다.

2023년에 여자 넷이 묵은 에어비앤비 숙소는 마을의 초입 대로변에

10년 전 그대로인 묵었던 민박집   〈이 세상 끝〉이라는 골목

있고 주차장까지 있어서 위치가 정말 마음에 든 집이었다. 계단을 올라가 이층에 있는 숙소는 현대식으로 개조하여 방마다 샤워실이 딸려 있는 게 더욱 마음에 들었다. 뒷문으로 나가면 나무에 빨래를 널 수도 있고. 그런데 아뿔사!!! 샤워기에서 뜨거운 물(그것도 엄청나게 뜨거운)만 쏟아져서 급하게 주인을 불러야 했다. 주인이 나타나더니 이리 저리 수도 꼭지를 돌려보고 "다 됐다"고 하면서 간 후에도 계속 뜨거운 물만 나와 하는 수 없이 물을 찍어 발랐다고 해야 하나? 백 퍼센트 마음에 드는 숙소를 구하기는 정말 어려운 일이다.

info

Montpellier 북서쪽 43km

Nîmes 서쪽 100km

Avignon 서쪽 139km

한필남·한계전 부부의 중세 수도원을 가다 두 번째 이야기
수도원 가는 길

거인의 성

물 저장 시설을 지붕 위에 설치한 모습

이름도 참 어려운
라 꾸베르똬라드 <u>La Couvertoirade</u>

집도 골목도 돌로 만든 마을

　이 마을은 사막화된 카르스트 지형의 고원에 세워진 마을로 인구는 고작 190명 정도로 아주 작은 마을이지만 시간을 거스른 듯 진정한 중세 마을로 남아 있다. 주변에 강이 없기 때문에 빗물을 받아 저장하는 곳을 지붕에 설치해서 빗물을 받아 생활했다고 한다.

　이 마을은 6세기 동안 벌어졌던 백년 전쟁, 종교 전쟁, 전염병 그리고 기근을 겪으면서도 요행히 살아 남았고, 기사들이 세운 성은 프랑스에

기사단 성채

크리스톨 교회   교회 내부

유일한 기사의 성으로 남아 있다. 고원 서쪽은 반 사막화되었고 거석 문화의 흔적으로 돌멘과 멘히르가 많이 남아 있는데 몇몇 입상은 옛 로마 시대의 길(Via Domitia)이 이 곳을 지났음을 증명해 주고 있다.

성채 Les remparts

높이 12m, 길이 420m, 두께 1.3m의 요새로 100년 전쟁 때 주민을 보호하기 위해 1439년에 두꺼운 담과 탑을 쌓았는데 지금도 튼튼한 모습을 유지하고 있다.

기사단의 성 Le château templier

높은 봉우리 위에 13세기에 지어진 프랑스 유일의 기사단 군사 건물인데 바위 위에 있는 비탈길을 통해 접근이 가능하지만 사유재산이기 때문에 방문은 불가능하다.

성 크리스톨 교회 L'église Saint Christol

이 마을에서 가장 오래된 건물로 크리스톨 성인을 모시는 교회이다. 옆에 있는 공동묘지는 대혁명 때 모두 파헤쳐졌다고 하며 성채에 기대어 감시탑이 내진 위에 솟아 있다. 18세기에 부서진 교회를 20세기에 재건했다. 공동묘지에 원반 모양의 돌(Pierre tombale discoïdale)이 여러 개서 있는데 교회 안에 있는 두 개의 십자가가 진본이다.

1439년 성채를 지으면서 공동묘지가 이등분되어 새로운 묘지는 성채 밖 주차장 가까이에 있다. 교회는 회중석이 하나이고 남쪽에 샤뻴이 있으며 정사각형 내진을 갖춘 아주 단순한 구조다. 홍예 머릿돌은 여덟 갈래 십자가(Croix à huit pointes)로 장식되어 있는데 이 여덟 갈래는 〈진복팔단〉을 상징한다. 스테인드글라스는 최근 작품으로 크리스토프 성인과 세례 요한도 볼 수 있다.

크리스톨 성인은 누구인가?

크리스토프(Christophe)라고도 부르는 이 성인은 아기 예수를 어깨에 메고 강을 건넌 분으로 유명하다. 처음 동양에서는 개의 머리를 가진 거인으로 죽은 자를 저승으로 데려가는 사람으로 언급되었다. 반면에 서양에서는 가나의 거인으로 가장 위대한 왕의 하인이 되길 원하는 사람으로 알려져 있다.

그는 기적을 일으키는 지팡이를 들고 다니는데 여행자의 수호자로도 알려져 있다. 동양에서는 5월 9일, 서양에서는 7월 25일이 축일이다.

공동묘지 Le cimetière

교회 옆 공동묘지는 1445년에 이등분되었다. 원반 모양의 묘석들이 여러 개 있고 그 중 두 개는 교회 안에 있다. 대개는 사다리꼴 모양으로 해가 뜨는 방향으로 향해 있다. 사실 이것들이 단순히 묘석이었는지 아니면 이정표였는지는 아직까지도 연구 중이라고 한다.

북문 Lou portal d'Amoun

북문은 총안을 갖춘 정사각 탑이 솟아 있고 마을의 수호 성인인 크리

원반형 묘석

홍예

스테인드글라스(크리스톨 성인)

크리스톨 성인과 세례자 요한을
그린 스테인드글라스

물의 기부

총안

크리스토프 성인상

공동화덕

시피온의 집, 아름다운 천정
(지금은 여행 안내소로 쓰이고 있다.)

portail d'Amoun(동네 입구)

스톨의 동상이 모셔져 있다. 요새화된 마을로 들어가는 입구이며 백년 전쟁의 재난으로부터 마을 사람들을 보호하기 위해 15세기에 만든 문 이다.

물의 기부 le don de l'eau

교회 북쪽 소라고동 구멍 가까이 벽에 〈물을 기부함(Don de l'eau)〉이 라고 하는 구멍이 뚫려있다. 성벽을 짓기 전부터 이 바위에 저수조가 있 었는데 그것을 〈소라고동(la conque)〉이라고 불렀고 교회 가까이에 있었 다고 한다. 이 저수조 옆으로 파이프가 성벽을 가로질러 설치 되었으니 이것이 〈물의 기부〉인 것이다. 안에서 물을 조금씩 흘려보내면 물이 성벽 바깥에까지 보내졌다. 이것은 전염병이나 전쟁으로 성 문이 닫혔을 때, 성 밖에 사는 주민들이나 여행객들이 물을 받아갈 수 있게 해 놓은 아름답고 기발한 장치라고 해야겠다.

북쪽 두꺼운 벽은 옛 건물에서 나온 자재를 이용한 것이고, 감시탑은 내진 위에 솟아 있었는데 너무 무겁고 두꺼워서 18세기에 무너졌다. 동쪽에 있는 평평한 후진은 완전하게 성벽의 일부분이다. 반원으로 된 입구 왼쪽에 청동으로 된 옛 판이 붙어 있는데 "여기를 지나는 사람들이여, 죽은 이들을 위해 신께 기도해주시오.(bonne gens qui par ici passez, priez Dieu pour les trépasses)"라고 해석되며, 학자들은 13세기 문장으로 보고 있다고 한다.

시피온의 집 La maison de la Scipione

15세기 아름다운 나선형 계단이 있는 탑과 창살 있는 창문이 특징인 집이다. 과부 시피온이 약간 요술쟁이였다는 전설이 내려 오고 있다.

info

Millau 동남쪽 42km

Montpellier 북서쪽 78km

Saint-Guilhem-le-Désert 북서쪽 56km

산에서 내려다 본 마을

산과 산 사이에 반짝이는 별
무스띠에 생뜨 마리 <u>Moustiers Sainte Marie</u>

마을 전경

해발 630m 고지에 자리 잡고 있는 이 마을은 인구가 720명 정도이며 물은 풍부하지만 산불, 홍수, 지진으로 인한 위험이 항상 도사리고 있는 동네인데 이 지방의 꽃과 곤충을 모티브로 구운 도자기가 아주 유명하다. 보기에도 금방 부스러져 내릴 것만 같은 위험한 산 아래 자리 잡고 있기 때문에 언제라도 위험이 닥칠 수 있지 않을까 걱정이 될 정도다. 가장 아름다운 마을로 지정되어 있어서 여기 저기 돌아보기만 해도 시간 가는 줄 모르는 곳이 바로 이 동네지만 특별하게 관심을 가지고 봐야 할 것들이 있다.

블라카스 광장

부스러질 것 같은 산

산과 산 사이에 매달린 별

교회 전경

무스띠에의 별 L'étoile de Moustiers

무스띠에의 별은 땅에서 수 백미터 위에 있는 산과 산 사이에 매달린 체인에 묶여 있다. 이 별에 관해서는 전설이 내려오고 있는데 블라카스 (Blacas)라는 기사가 1249년에 십자군 전쟁에 나갔다가 포로로 잡혀 감옥에 갇히자, 자기가 집으로 무사히 돌아오게 되면 성모께 기념물을 바치겠노라 약속을 한다. 다행히 무사하게 고향에 돌아오자 그는 약속을 지켜 자기 가문의 상징인 16개 가지가 달린 별을 매달게 되었다고 한다. 그러나 여러 가지 사정으로 별은 11번이나 떨어졌다. 체인과 별의 무게가 서로 조화를 이루지 못해서 그런 사고가 났기 때문에 지금은 가지가 열 개인 별이 달려 있다. 마리아는 구세주를 향해 순례자를 인도하는 희망의 별이라는 상징을 담고 있는 이 별은 이 동네의 상징인데 보려고 애쓰는 사람에게만 보인다.

성모승천 마리아 교회 L'Église Notre Dame de l'Assomption

12세기에 로마네스크 양식으로 동네 한 가운데에 지은 교회로 두 개의 측랑, 반원형 궁륭, 5개의 기둥이 있는데 기둥머리는 잎사귀로 장식되어 있다. 종탑은 날씬한 기둥들로 지탱되는 로마네스크 양식의 아케이드로 장식되어 있다. 이 마을을 상징하는 종탑은 여전히 온 마을을 내려다 보고 있다.

1336년에 재건되면서 내진 부분은 고딕 양식으로 바뀌었다. 가장 주목할 것은 롬바르디아 양식의 종탑인데, 이 종탑은 5단계로 석회암을 차곡차곡 쌓아 올린 모양이다. 일층은 육중한 버팀벽, 이층은 막혀있고, 3개 층은 쌍을 이뤄 뚫려있다. 종을 칠 때마다 종탑이 흔들려서 17세기

교회 종탑   아주 오래된 제단의 조각

에 철로 둘러싸고 강력한 버팀목을 설치했다고 한다.

　　교회 내부는 회중석은 5개의 기둥으로 나눠지고 반원형 궁륭 천정을 가진 프로방스식 로마네스크 양식이나 내진은 고딕으로 개조되었다. 제단은 4세기 대리석 석관을 재 사용하고 있다. 참나무 잎사귀로 장식된 기둥머리가 측랑과 내진을 구분 짓는다.

　　로마네스크 회중석(la nef romane)에는 측랑이 없이 5개의 기둥으로 나뉘고 대들보는 단순하며 3개의 아름다운 샤뻴이 있다. 고딕식 내진(le choeur gothique)으로 두 개의 측랑과 3개의 회중석을 갖춘 크고 평평한 내진은 이 지방에서는 흔하지 않은 양식이다. 내진에는 3개의 창이 있는데 가운데 것은 아주 높고 좁은데, 18세기의 아름다운 그릴로 닫혀있는 두 개의 유해를 품고 있고 그 위에는 돌에 섬세한 작은 장미가 조각되어 있다. 내진 가장자리에는 막힌 10개의 아케이드가 균형을 이루고 4개는 내진을 따라서, 그리고 3개는 측랑 위에 설치되어 있다.

전기 로마네스크 양식의 유적 Vestiges pré-romans

　　1972년 수리를 하던 중 벽에 흙으로 메워져 있던 부분이 우연히 와르르 무너져 내렸다. 그러자 소박하면서도 훌륭한 돌로 된 대들보가 드러

시대 상황을 그린 그림　　　　　아름다운 원형 스테인드글라스　　　　　베드로와 바오로 성인

났는데 반원의 대들보 위에 지금 교회의 토대가 되는 벽이 세워져 있었다. 대들보는 장식이 없는 네모난 두 개의 기둥머리에 기대어 있었다고 한다. 그래서 곧장 발굴이 시작되어 그 결과 지금 회중석이 있는 자리에 전기 로마네스크 양식의 교회가 있었다는 것을 알 수 있었는데 넓이가 6m, 높이가 7m에 불과했다.

15세기의 그림 une peinture du 15e siècle

익명의 화가가 그린 이 그림은 조각한 나무로 둘러싸여 회중석에 걸려 있다. 중세에는 글을 못 읽는 사람들에게 그림을 통해 종교를 가르쳤는데 이 그림에서 화가는 〈성인들의 통공〉을 가르치고자 했다. 선택받은 자, 살아있는 자, 연옥에 있는 영혼들의 정신적인 소통이 존재한다. 성인들과 산 자들의 기도는 이 정화를 앞당기는 역할을 한다. 맨 위는 부활한 그리스도가 우리의 부활을 약속하는 장면이고, 맨 아래는 지옥을 그린 것으로 작은 인물들의 몸이나 얼굴을 세심하게 묘사했다. 가운데는 산 자들로 숫자는 적지만 아주 중요하다. 여기 무스띠에의 생활상을 한 눈에 보여주는 장면으로 한 사제가 죽음 앞에서 기도하고 있고, 동네 사람들은 미사를 드리고 있고, 옷을 잘 차려입은 한 젊은 부인은

샤뻴 내부

노트르 담 드 보봐르 샤뻴

옆에서 본 노트르 담 드 보봐르 샤

샤뻴 가는 길에 있는 돌다리

블라가스 기도실

세 아들이 전쟁에서
무사히 돌아와서 바친 봉헌물

Une maman
pour ses trois enfants
revenus de la guerre

길 모퉁이에 앉아있는 걸인에게 돈을 주고, 지팡이와 바랑을 지고 멀리서 온 순례자는 보봐르의 마리아 교회(Notre Dame de Beauvoir)를 향해 결연하게 걸어가고 있는 장면을 아주 생생하게 그리고 있다.

보봐르의 마리아 샤뻴 La chapelle Notre Dame de Beauvoir

이 샤뻴에 가기 위해서는 조금은 숨찬 운동이 필요하다. 돌다리도 건너고, 산 길을 올라가면서 십자가의 길도 만나고, 에나멜칠로 장식한 기도소를 지나 한참 동안 계단을 올라가야 샤뻴에 이르게 된다. 그 중에서도 블라카스 기도소에는 그의 가문의 문장(紋章)인 16가지로 된 별이 새겨져 있는데 조촐하면서도 아름답다.

샤뻴의 현관은 로마네스크 양식, 나무 문은 르네상스 양식이고 그 위에는 아기 안은 성모상이 서 있다.

회중석의 첫 번째 두 기둥은 로마네스크 양식으로 12세기까지 거슬러 올라가고, 다른 두 기둥은 고딕 양식이다. 교회 내부는 아주 소박하고 회중석은 둘로 나뉘어 있다. 제단 뒤의 장식 병풍은 18세기의 작품으로 아름다운 바로크 양식을 취하고 있다. 벽에는 봉헌물들이 많이 걸려 있고 성경을 주제로 한 스테인드글라스는 굉장히 화려하다.

온 동네를 굽어보는 곳에 세워진 이 샤뻴은 주민들에게 휴식을 주는 성소였다. 이 샤뻴은 이미 9세기에 문헌에서 〈바위 사이의 마리아 샤뻴〉이라는 이름으로 언급되었다. 그러다가 12세기부터 많은 기적이 일어나서 명성이 자자해지자 순례객이 늘어나면서 샤뻴의 규모가 커졌고 순례객에게 면죄부를 주거나 팔면서 더욱 순례가 장려되었다고 한다.

17세기부터 이 순례는 특이한 목적를 띠게 되는데, 사산아를 데려와서 그들의 영혼이 구원받기 위해 세례를 받을 잠깐 동안 그들을 소생시

막달라 마리아 동굴모습(2014년 찍음)   성안나 샤뻴 옆에는 공동묘지

켰다. 그리고 나서 종교적인 의식을 거쳐 공동묘지에 묻었다. 이런 기적
으로 인해서 이 샤뻴은 〈아기를 소생시키는 곳〉으로 널리 알려지게 되
었고 프로방스 지방에서 가장 중요한 곳으로 인정받고 있었다.

   샤뻴을 나와 오른쪽 오솔길을 가다 보면 막달라 마리아 동굴 표지판
을 따라가면서 아래 마을을 감상하기 참 좋은 곳이었는데, 2023년에는
그 길이 너무 위험하다고 철망으로 막아 놓아서 아쉽게 돌아서야 했다.

성 안나 샤뻴 la chapelle Sainte Anne

   11세기의 샤뻴인데 17세기에 들어와 마을 요새의 벽에서 나온 돌로
재건한 로마네스크 양식의 작은 샤뻴이다. 마을의 중심지에서 벗어나
올리브 밭과 공동묘지 가운데 자리 잡고 있는 아주 조촐한 샤뻴로 방문
은 할 수가 없고 외부에서 창 사이로 내부를 들여다 볼 수 있다. 들여다
보니 회중석은 아주 단출하게 긴 나무의자가 놓여있고, 검은색 제대 뒤
에는 왼쪽에 〈산타 안나(Santa Anna)〉, 오른쪽에는 〈우리를 위하여 빌어
주소서(Ora Pro Nobis)〉라고 쓰여있는 장식병풍이 있다. 제대 왼쪽에는
어린 마리아를 자애로운 눈길로 내려다보는 어머니 안나 상이 서 있다.

| 샤뻴 전경 | 성녀 안나와 어린 마리아 | 안나 성녀 샤뻴 내부 |

키가 큰 실편백(실편백은 고대인들이 묘지에 심었기 때문에 죽음, 애도, 슬픔을 뜻한다.) 나무가 감싸고 있는 너무나 소박한 이 샤뻴은 멀리서 보면 우아하고 가냘픈 실루엣이 아름답고, 다듬어지지 않은 대들보와 차양 그리고 작은 종은 시골 샤뻴의 모습 그대로다.

info

Sisteron 동남쪽 84km

Dignes-les-Bains 남쪽 46km

Manosque 동쪽 51km

Nice 서쪽 150km

막달라 마리아 동굴 가는 길(2014년)

대성당 입구

방스 <u>Vence</u>

성(le château)
지금은 Émile Huges재단과 현대미술관으로 사용되고 있다.

　니스(Nice)에서 북쪽으로 22km올라가면 18,940 여명이 살고 있는 성곽 마을이 나온다. 이 마을은 산과 바다 사이에 위치해 있고 년 평균 기온이 13도로 살기 좋은 곳이라고 할 수 있다. 게다가 마을이 예뻐서 골목 골목을 한가롭게 걸어 다니기만 해도 좋은데 역사가 깊어서 볼거리도 많은 마을이다.

물푸레 나무 le frêne

1538년에 프랑스와 1세(François 1er)가 심었으니 500살 가까이 되는 마을의 자랑거리인 나무로 아직도 푸르름을 자랑하고 있다. 사실 왕은 이 마을에 오지 않고 인근 도시에 머물렀으며 그의 시종들이 와서 묵으면서 감사의 표시로 이 나무를 심었다고 한다.

대 성당 La Cathédrale de la Nativité-de-Marie

성당으로 들어가기 전에 문 양쪽에 로마 시대의 비문이 새겨져 있다. 왼쪽은 황제인 고르디엥 3세(Gordien:225-244. 무질서 시대에 재위했던 황제)를 찬양하는 비문으로 239년이라고 새겨져 있고, 오른쪽은 태양신의 하나(Élagabal)라는 이름으로 더 알려진 안토니우스 황제(Antonin Le Pieux:86-161. 훌륭한 다섯 명의 황제 중 한 명)에게 헌정하는 비문으로 220년 12월에 조각한 것이다.

카로링거 시대의 조각

이 대성당은 4세기에 로마 마르스 신전 터에 세워진 메로빙거 시대의 것으로, 사라센군이 파괴한 이후 12세기에 로마네스크+고딕+바로크 양식으로 재건하여 지금의 조화로운 대성당으로 거듭났다. 5개의 회중석으로 되어있는 성당 안에는 랑베르(Lambert:1084-1154.5.26.)성인의 묘와 묘비명, 5세기 베랑 성인(Saint Véran)의 석곽묘, 블레즈 성인(Saint Blaise)의

물푸레 나무

블레즈 성인 흉상

랑베르 성인 샤뻴과 무덤

랑베르 성인 샤뻴

마르크 샤갈의 모자이크

왼쪽에 있는
ᅡ 시대의 글

대문 오른쪽에 새겨진
로마 시대의 글

랑베르 성인의 유골

유해와 그의 일생을 나타내는 그림, 카로링거 시대에 조각된 기둥들 (갈로 로맹 시대의 석곽묘의 파편들)이 진열되어 있고, 세례당에는 샤갈(Marc Chagall:1887-1985)이 1979년에 모자이크한 〈홍해에서 구원받는 모세 (Moïse sauvé des eaux)〉가 걸려있다.

랑베르 Lambert 성인은 누구인가?

리에즈(Riez)근처 몰락한 귀족 가문에서 태어났다. 어머니는 아기를 낳다 죽고 아버지는 군사 훈련에 푹 빠져서 아이들을 돌보지 않았기 때문에 랑베르는 레랭(Lérins)의 수도원에 들어가 16살에 수도사가 된다. 성실하게 살다 보니 겨우 30살에 방스의 주교가 되어 대성당을 짓는다.

그는 오거스틴 성인의 계율에 따라 살아가면서 인간애가 넘쳐 봉건 제후에 맞서 노예들를 보호하고자 물레방아를 만들기도 했고, 말을 자유롭게 해 주기 위해 목줄 대신 어깨에 줄을 매도록 권하기도 했으며 봉건 제후들과 주교들 간의 갈등을 해소하는데 많은 노력을 하니 그의 권위가 널리 알려졌다. 방스에 최초로 가난한 이들을 위한 병원 건립한 것도 이 성인이다. 1154년에 그가 죽자 40여 년 동안 행한 선행을 기리기 위한 묘비명을 대 성당 안에 세웠다. 그 밖에도 베랑(Véran) 성인이 있는데 베랑 성인은 정확하지는 않으나 5세기 초에 리옹(Lyon)에서 태어났다고 하며 451년에 방스의 주교가 되었고 축일은 11월 11일이다.

블레즈 성인은 시바스에서 태어났다.

시바스는 카바도키아의 북동쪽에 있는 튀르키예 옛 도시로 옛날에는 아르메니아의 땅이었다. 리키니우스(Licinius:265-325 치하에서 40명이 이

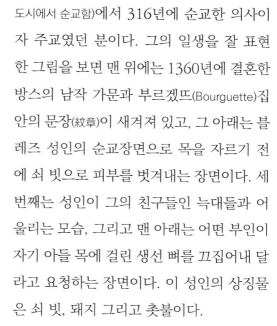

도시에서 순교함)에서 316년에 순교한 의사이자 주교였던 분이다. 그의 일생을 잘 표현한 그림을 보면 맨 위에는 1360년에 결혼한 방스의 남작 가문과 부르젤뜨(Bourguette)집안의 문장(紋章)이 새겨져 있고, 그 아래는 블레즈 성인의 순교장면으로 목을 자르기 전에 쇠 빗으로 피부를 벗겨내는 장면이다. 세 번째는 성인이 그의 친구들인 늑대들과 어울리는 모습, 그리고 맨 아래는 어떤 부인이 자기 아들 목에 걸린 생선 뼈를 끄집어내 달라고 요청하는 장면이다. 이 성인의 상징물은 쇠 빗, 돼지 그리고 촛불이다.

블레즈 성인

코스트 길 rue de la Coste

1333년 부터 주민들이 성벽에 기대어 집을 지을 수 있는 법이 발표되자 평민들이 너도 나도 성벽에 붙여 집을 짓기 시작했다. 이 조처는 특히 코스트 골목에서는 성벽을 유지하면서 집을 지으라는 것이었다. 계속적으로 집을 늘려 가면서 부분적으로 메꿔진 총안이나 활 쏘는 구멍을 지금도 볼 수가 있는데, 심지어 38번지의 집을 보면 방이 길 쪽으로 불쑥 튀어나와 있는 것을 볼 수가 있다. 인간의 욕심은 끝이 없는 법.

또로블 돌

레비 문 Portail Levis

이 마을에서 가장 오래된 문으로 로마 길로 나가는 세 개의 문 중의 하나이다. 사실 이 문은 1819년에 파괴된 탑의 측면을 확장하면서 만든 작은 성채에 딸린 문이었다.

또로볼 돌 La Pierre du Taurobole

교회 서쪽 파사드에 있는 비문인데 시벨르(Cybèle, 신석기 시대부터 아나톨리아에서 숭배하는 대지 모신으로 크레타섬의 레아처럼 백수의 여왕이라고도 함)와 이데아(Idaea, 모든 신들의 어머니)에 대한 경의를 표하기 위해 희생 제물로 황소 제물(Taurobole)을 바친다는 내용이다.

로자리오 샤뻴 또는 마티스 샤뻴 chapelle du Rosaire 또는 chapelle Matisse

로자리오 샤뻴 또는 마티스 샤뻴은 1949~1951년 사이에 건축가 오귀스트 페레(Auguste Perret:1874-1954)가 설계하고 앙리 마티스(Henri Matisse:1869-1954)가 장식하여 완성한 도미니크 수도회를 위한 샤뻴이다. 방스 외곽에 있는 이 샤뻴은 하얀색과 푸른색 기와로 되어있고, 철로 된 십자가는 너무 현대적이어서 그 단순한 건축 양식은 특별하게 눈길을 사로잡지는 않는다. 이 샤뻴은 화가 마티스가 자기 생애를 통 털어 〈걸작〉 또는 〈내 생애의 요약〉이라고 생각할 정도로 애정을 갖고 있었던 곳이다. 그는 자신의 옛 간호원이면서 모델이었던 모니크 부르좌(Monique Bourgeois)와 함께 원했던 이 계획을 실현하고자 3년 동안 끈질기게 이 작업에 매달려 완성했다. 그러나 너무 아파서 축성식에 참석할

마티스 샤뻴의 합각벽 그림

마티스가 도안한 제례복

고해실로 가는 계단

마티스 교회 십자가

수 없었던 마티스는 "나는 아름다움을 추구한 것이 아니라 진실을 추구했다. 나는 여러분에게 아주 공손하게 방스의 샤뻴을 바칩니다. 4년 동안 매달려서 만든 내 생애의 걸작입니다."라고 하면서 "나는 나의 샤뻴에 들어오는 사람들이 정화되고 그들의 짐을 내려놓기를 바랍니다"라고 말했다고 한다. 길이 15m, 넓이 6m, 높이 5m의 작은 규모인 이 샤뻴에 마티스는 장식을 위해 두 가지 요소 즉 색깔(스테인드글라스)과 데생(벽에 있는 세라믹 판)을 이용했다. 그가 사용한 색은 푸른색, 노란색 그리고 빨간색이다. 제대 뒤에 있는 스테인드글라스는 〈생명의 나무〉라는 타이틀을 갖고 있다. 마티스는 꽃이 피어있는 선인장을 주제로 해서 참을성과 생에 대한 의지를 상징으로 보여 주고자 했다. 여섯 개의 넓은 기둥은 신자들을 위한 공간을 확보해 주고 성직자 석 뒤에 있는 좁은 9개는 수녀들을 위한 공간을 마련해 준다. 마티스는 〈십자가의 길〉14 장면을 개성있고 생기있게 표현했는데, 가운데 십자가를 진 그리스도가 주된 모티브로, 이것은 그리스도가 "내가 땅에서 들어 올려질 때, 나는 모든 것을 얻게 될 것이다"라고 말한 것을 환기 시켜준다.

제단은 동쪽으로 향해 있고, 신부는 신자들과 수도자들을 마주 보고 미사를 드린다. 돌은 영육의 양식인 빵의 색깔과 같은 것으로 선택된 것이라고 한다. 감실은 마티스가 조각했는데 타일의 가운데에 자리하고 있다.

마티스가 조각한 십자가는 조화롭고, 성합은 독창적인 아쿠아틴트(식각요판)기법으로 장식되어 있다. 샹들리에는 양식화된 아네모네 화관을 연상시킨다. 팔걸이 의자와 기도대는 정성을 들여 디자인했고, 고해소 문은 동양의 벽지를 연상시키는 대단히 훌륭한 솜씨를 자랑하는데, 유혹의 그물에 걸린 죄인과 저 높은 데서 빛나는 구원의 별로 상징된 문이 인상적이다.

외부에 세라믹으로 된 삼각면에는 자기 아들을 세상에 바치면서 고통을 예감하는 성모가 얼굴에 근심을 감추고 힘들어하는 모습이 새겨져 있다. 푸른색과 하얀색 지붕 또한 마티스의 디자인으로 다른 교회들과는 상당히 다른 외관을 보여주고 있다. "나는 이 십자가가 하늘 높이 올라가기를 바란다. 마치 감미로우면서 열렬한 기도처럼(…)"

Monique Bourgeois 1921. 1. 21 ~ 2005. 9. 26

Soeur Jacques Marie는 도미니크회 소속 수녀다. 마티스의 모델을 하면서 마티스의 샤뻴을 짓는데 지대한 공을 세웠다. 모니크는 1942년 니스에서 간호학생일 때 마티스가 간호원을 구한다는 소식을 듣고 그의 간호원이 되었고, 모니크(Monique)(1942), 아이돌(L'idole)(1942), 녹색 드레스와 오렌지(La Robe verte et les oranges)(1943), 로열담배(Tabac royal)(1943)의 모델이 되기도 했다.

1943년에 마티스가 방스에 정착하고 수녀원에 하숙생으로 들어간 그녀는 이듬해 수녀회에 입교하여 자크 마리 수녀(Soeur Jacques Marie)라는 이름을 얻게 된다. 그 당시에 수녀들은 예배드릴 장소가 부셔진 차고밖에 없는 형편이었기 때문에 1947년에 샤뻴을 짓기로 결심한다. 마리 수녀가 자신이 디자인한 스테인드글라스 초안을 마티스에게 보여주자 그는 감동한 나머지 샤뻴을 짓고 스테인드글라스까지 제작해 주겠노라고 약속한다. 그 결과 태어난 샤뻴이 바로 이 로자리오 샤뻴이다. 그녀는 2005년 10월 1일 방스에 묻힌다.

info

Nice 북서쪽 23km

Saint-Paul-de-Vence 북쪽 5km

Grasse 북동쪽 5km

Cannes 북쪽 32km

마을로 들어가는 대문

샤갈의 묘가 있는
쌩 뽈 드 방스 *Saint Paul de Vence*

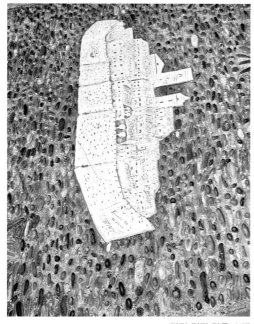

자갈 길과 마을 소개

    2007년 여름에 방스에 갔다 오다가 쌩 뽈 방스에도 들러보려고 했는데 마을 입구까지 자동차들이 꽉 차서 도저히 주차 공간을 찾을 수 없어 그냥 돌아 나왔던 곳이 바로 이 마을이다. 그래서 올해(2023년)는 아침 일찍 가서 이 마을부터 구경하고 옆 동네인 방스를 구경하기로 합의하고 상당히 일찍 도착했는데도 이른 시간부터 주차 공간이 많이 남아 있지 않은 것으로 보아 이 마을이 상당히 인기있는 마을인 것은 틀림없나 보다. 이 마을을 어슬렁거린다는 것은 천 년의 역사를 경험한다는 의미이다.

대문에 설치된 대포

이 마을은 알프스와 지중해 사이 산허리에 위치하여 세계의 부호들이 별장을 많이 가지고 있는 동네이기도 하고, 골목 골목이 아주 예쁘고 역사가 깊은 만큼 볼거리가 많고 모든 것이 고급스러운 그런 곳이다. 3,180여 명의 주민들은 관광업으로 살아간다고 해도 무방할 것이다.

대포 Le canon

이 마을의 문은 14세기 성벽의 유적이다. 거기에 있는 활 쏘는 구멍과 적에게 돌 따위를 굴려 떨어뜨리기 위해 설치한 돌출 총안은 마을의 북쪽 입구를 방어하기 위한 것이었다. 19세기 말부터 문 앞에 배치된 이 대포는 1544년에 프랑스와 1세와 샤를르 깽(Charles Quint:1500-1558. 16세기 전반 유럽에서 가장 강한 군주로 프랑스와 1세와 4번의 전쟁을 치름)이 치렀던 전투의 증거물로 이 마을의 보호자인 셈이다.

큰 샘

큰 샘이 있는 광장 La place de la Grande Fontaine

1850년에 시장이 있는 옛 광장에 만들어진 이 샘은 마을의 심장이며 인기있는 장소

위험한 골목의 자갈길(rue du casse-cou)

였다. 이 샘은 뱀 아가리로 장식된 네 개의 주둥이에서 물이 나와 수반을 채우는 구조로 되어있다. 14세기에 프로방스의 쟌느 여왕(la reine Jeanne)은 마을 주민들이 이 물을 사용해도 좋다는 허락을 해준다. 물을 담기 위해 항아리와 들통을 놓았을 쇠로 된 가로대가 많이 닳아있는 것을 볼 수 있다. 이 마을에는 일곱 개의 샘과 세 개의 빨래터가 있었는데 주민들이 얘기 꽃을 피우던 만남의 장소였다.

성벽 Les Remparts

프랑스와 1세(François 1er)의 명으로 니스의 성채에 맞서기 위해 지은 방어용 성벽(1544-1547)인데 보존 상태가 거의 완벽하며 프랑스에서 능보(稜堡)를 설치한 최초의 요새 중의 하나라고 한다. 보방(Vauban:1633-1707 프랑스 군사 건축가로 요새를 많이 지음)조차도 1700년에 이 요새를 시찰했을 정도로 훌륭하며 온 마을을 감싸고 있는 온전한 성벽이다.

황금 비둘기 여인숙 L'auberge La Colombe d'Or

피카소(Picasso:1881-1973), 마티스(Matisse:1869-1954), 미로(Miro:1893-1983), 모딜리아니(Modigliani:1884-1920), 브라크(Braque:1882-1963), 페르낭 레제(Fernand Léger:1881-1955), 샤갈(Chagall:1887-1985) 등 뛰어난 화가들의 작품을 보유한 여인숙으로 방문은 불가능하다.

샤갈의 묘

동네 공동묘지 입구로 들어가는 문 위에 1984년에 만치니(Mancini)가

샤갈의 묘지

제작한 성 바오로 동상이 서 있고, 그 문을 들어가면 바로 오른쪽에 샤
갈의 묘임을 화살표로 표시해 놓아서 찾기는 아주 쉽다. 샤갈은 이 동
네에서 19년을 살았다. 샤갈과 둘째 부인 바바(Vava:1905-1993) 그리고
처남인 미셸 브로드스키(Michel Brodsky:1913-1997)가 같이 묻혀 있는데
묘석 위에 나뭇잎으로 하트도 만들어 놓고 동전도 쌓아 놓고 돌맹이도
많이 올려 놓은 것을 보면 여전히 샤갈은 사랑받고 있는 예술가임에 틀
림없다.

자크 프레베르

자크 프레베르(Jacques Prévert:1900-1977)는 시인이자 시나리오 작가
이며 그는 은신처인 라 미에뜨(La Miette)에서 주로 거처했다. 라 미에뜨
는 좁은 골목을 목적없이 다니다가 담쟁이로 뒤덮인 예쁜 집이 있어서
보니 학창 시절에 심취했던 〈아침식사〉라는 시를 지은 자크 프레베르
의 집이었다.

넌 행복한 나무

자크 프레베르가 살던 집

Il a mis le café dans la tasse.

그는 잔에 커피를 넣었다

Il a mis le lait dans la tasse de café.

그는 커피잔에 우유를 넣었다.

Il a mis le sucre dans la tasse de café au lait.

그는 우유 탄 커피에 설탕을 넣었다.

　이 시는 여자를 떠나가는 무정한 남자의 무심한 모습이 눈에 보이는 것처럼 묘사된 시로 젊었을 때 열심히 외웠던 이 시인의 대표작이라 할 수 있다. 이 시인은 익살스런 시를 많이 지은 것으로도 유명하다.

　그는 독일군이 프랑스를 점령했을 때부터 1950년 중반까지 생 뽈 드 방스에 거처를 정한다. 마르셀 까르네(Marcel Carné:1906-1996), 조셉 코스마(Joseph Kosma:1905-1969) 등과 어울리면서 그는 꼬뜨 다쥬르(Côte d'Azur:리비에라 해안)에 대한 엄청난 애정을 드러내고 그것을 영화로 만든 것이 〈밤의 방문객 Les visiteurs du soir:1942년〉과 〈천국의 아이들 Les enfants du paradis:1945년〉이다. 또한 그는 〈황금 비둘기 여인숙〉에서 피

폴롱이 장식한 샤뻴

십자가 샤뻴 사진

카소(Pablo Picasso:1881-1973), 폴 루(Paul Roux), 앙드레 베르데(André Verdet)등과 만나 친구가 되었으며 마을의 모든 일에 주민의 한 사람으로 참석하는 열정을 보여줬다.

마르셀 까르네

마르셀 까르네는 프랑스의 영화 감독으로 〈안개 낀 부두〉, 〈북 호텔〉, 〈새벽〉, 〈밤의 방문객〉, 〈천국의 아이들〉, 〈애인 줄리에뜨〉, 〈떼레즈 라껭〉. 〈밤의 문〉, 〈파리의 하늘 아래〉, 〈젊은 늑대들〉, 〈로우 브레이커스〉등 다수의 작품을 만들었다.

조셉 코스마

조셉 코스마는 헝가리 출신의 작곡가 겸 음악 감독으로 이브 몽땅이 부른 〈고엽(Les feuilles mortes)〉을 작곡한 사람이다. 이 곡은 1946년 〈밤의 문(Les portes de la nuit)〉의 주제곡에 자크 프레베르가 가사를 써서 더욱 유명해졌다.

미셀 폴롱

십자가 샤뺄 chapelle des pénitents blancs

3세기 동안 〈하얀 회개자〉 단체의 근거지였는데, 2008년에 쟝 미셸 폴롱(Jean Michel Folon:1934-2005)이 구상한 새로운 장식을 받아들여 완전히 새로운 해석으로 내부를 장식해 놓고 입장료(2023년 당시 3유로)를 받고 있으며 종탑이 온 동네를 내려다 보고 있다.

1920년까지 이 평신도 단체는 마을의 가난한 사람들을 위해 상부상조하는 활동을 이끌었다. 이 샤뺄은 2000년부터 개조하기 시작하여 지금은 완전히 폴롱이 구상한 작품으로 장식되어 있다. 그의 계획은 회개자 단체의 역사에서 영감을 얻었다고 하는데, 쭉 뻗어 벌린 손은 도와주고 구원해줄 준비가 되어 있다는 의미라고 한다. 교회라는 이름이 무색하게 신자들이 앉을 의자도 한 개 없다. 여기서 삼각형 종탑만이 원래의 모습을 간직하고 있다.

쟝 미셸 폴롱

1934년 벨기에의 브뤼셀에서 태어난 그는 21살에 건축학 공부를 포기하고 그림에 몰두하게 된다. 1960년 대에 그의 첫 화집이 미국과 프랑스에서 출판된다. 특별히 좋아했던 수채화를 통해 그는 구경하는 사람들의 상상력을 자극하는 몽환적인 세계, 조화로운 색깔의 투명함과 가벼움이 서로 섞이는 작품을 그려냈다. 〈무엇에나 손을 대는〉 이 사람은 화가, 조각가, 타피스리 제조자 그리고 동시에 스테인드글라스 제작이기도 했다. 40년 동안 그는 쟈끄 프레베르나 기욤 아뽈리네르(1880-1918. 스페인 독감으로 사망했으나 공식적으로는 프랑스 국가를 위해 사망한 것으로 발표함. 〈미라보 다리〉라는 시로 우리에게 친숙한 시인)의 작품에 삽화를 그리기도 했고, 공

제단

적인 캠페인(Unicef, Greenpeace, Amnesty international)의 포스터를 그리는데 그의 재능을 기부하기도 했다. 1983년부터 살았던 모나코에서 2005년에 그는 백혈병으로 사망했다.

모자이크 La Mosaïque

모자이크는 성가대석에 한점이 있는데 라벤나(Ravenne)식 기법을 이용하여 밀라노의 모자이크 장인인 마테오 베르테(Matteo Berté)의 지휘를 받아 106㎡를 촘촘하게 장식한 작품이다.

스테인드글라스

라벤나식 기법

라벤나식 모자이크 기법은 에나멜 끼움돌을 사용하는데 그 중에는 금빛으로 빛나는 것도 있고 은빛으로 빛나는 것도 있다. 손으로 가로 세로 1cm 크기로 잘라 석회와 버무린 도료로 덮인 판넬 위에 밑그림을 그리고 판넬 위에 모자이크 돌이 올려지는데, 이렇게 해야 천천히 마르면서 변화를 주고 잘못된 곳은 수정도 할 수 있기 때문이라고 한다.

평화로운 세상

모자이크 작업은 일단 두드러지게 시공되는데 그것은 끼움돌의 표면이 매끈하지 않기 때문에 깊게 붙게 하기 위해서이다. 서로 다른 경사각으로 인해서 빛이 반사되고 작품에 생기와 감동을 부여하기도 한다. 평균적으로 가로 세로 1m당 끼움돌이 10,000개가 필요하다.

스테인드글라스

4개의 스테인드글라스는 샤르트르의 유리 장인 쟈끄 르와르(Jacques Loire:1932-)와 그의 아들 브루노(Bruno)가 맡아서 제작했다. 주제는 종교 단체의 자비로운 사명에 영감을 받아 상호부조에 의해 가장 가진 것이 없는 사람들을 도와주자는 내용이다.

쟈끄 르와르는 아버지인 가브리엘(Gabriel:1904-), 아들인 브루노(Bruno:1959-)와 막내 아들 에르베(Hervé:1961-)와 함께 샤르트르에서 루아르 샤르트르 아틀리에(Ateliers Loire Chartres)를 운영하고 있는 프랑스에서 대표적인 유리 장인이다.

그림

8점의 유화는 미셸 르페브르(Michel Lefebvre)가 그렸는데 폴롱(Folon)이 그린 수채화를 밑그림으로 해서 작업을 했기 때문에 색채가 투명해 보이고 색채의 변화도 가벼워 보이는 효과가 있다. 그림들은 동쪽과 서쪽 벽에 걸려 있다.

조각

〈누구?〉라는 타이틀이 붙은 청동으로 만든 조각은 제단 역할을 하고 있고, 샤뻴 가운데 있는 포르투갈 산 장미색 대리석으로 만든 〈샘〉이란

성수반

분당 요한 성당의 피에타상

물을 쪼아 마시는 새들

12세기 성

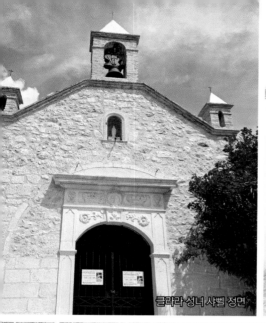
클라라 성녀 샤뻴 정면

클라라 샤뻴 제단

《누구?》라는 이름의 제단

조각은 성수반 역할을 하는데 물이 졸졸 나오고 새들이 그 물을 마시는 모습이 앙증스럽다. 이 작품은 프랑코 세르비에티(Franco Cervietti)가 제작했는데, 분당 요한 성당의 〈피에타(Pieta)〉상도 미켈란젤로의 원작을 프랑코 세르비에티 아틀리에에서 원래의 재질과 원래의 크기로 똑 같이 만들어서 미국, 대만에 이어 세 번째로 설치한 작품이다.

클라라 성녀 샤뻴 La chapelle Sainte Claire

성 밖에 있는 이 샤뻴은 마을 주민들이 숭배하는 장소로 1534년에 이미 기록에 거론되었고 이 마을의 보호자로서 추앙받고 있는 클라라 성녀에게 봉헌되었다. 옛날에 저명한 방문객들이 오면 마을의 관리가 이 샤뻴의 앞뜰에서 그들을 환영했다고 하는 이 샤뻴은 르네상스의 영향을 받아 작은 종탑이 있는 우아한 정면은 방스로 가는 옛길 네거리 쪽을 향하고 있다.

8월 12일이 클라라 성녀의 축일인데, 그날은 마을에서부터 이 샤뻴까지 행진한 후에 미사가 집전되었고 지금도 똑같이 축제가 열린다. 주민들이 행진하기 위해 모이면, 화려한 불꽃놀이와 성채를 밝히는 휘황찬란한 조명을 끝으로 축제는 막을 내리게 된다.

사실 이 샤뻴은 우리가 갔을 때는 문을 굳게 잠가놔서 창살을 통해 안을 엿볼 수밖에 없었다. 담장도 없이 도로 옆에 소박하게 서 있는 샤뻴인데 외관도 대단히 검소하다. 철창 사이로 들여다보니 회색 대리석으로 된 제단 뒤에 클라라성녀를 그린 그림으로 장식되어 있고 회중석은 아주 깔끔하게 정돈되어 있다.

성의 큰 탑 Le donjon

성의 마지막 유적지인 이 탑은 18세기부터 읍사무소로 쓰이고 있다. 12세기 초에 지어진 첫 건물인 이 위압적인 탑은 거칠게 다듬은 돌들이 오히려 인상적이다.

탑은 마을의 맨 위쪽에 자리잡고 있는 성의 일부분으로 북쪽 면에는 2층과 3층을 이어주는 계단의 발판의 버팀목이 보인다. 많은 저명 인사들이 여기서 결혼식을 올렸는데 그 중에 이브 몽땅(Yves Montand:1921-1991)과 시몬느 시뇨레(Simone Signoret:1921-1985)부부가 1951년에, 진 와일더 (Gene Wilder:1933-2016. 미국배우)는 1984년에 식을 올렸다.

info

Vence 남쪽 5km

Grasse 동쪽 22km

Nice 북서쪽 20km

Cannes 북쪽 28km

자크 프레베르가 살던 집

꽁따두 골목에서

이름도 참 이쁜
뚜르뚜르 Tourtour

성 드니 교회 정면

뚜르뚜르는 하늘 속의 마을(Village dans le ciel)이라는 별칭을 갖고 있고 가장 아름다운 마을이면서 프랑스 인들이 가장 선호하는 마을로 뽑힌 곳이다. 635m 고지에 위치해 있고 빨래터에서는 연중 신선한 물이 솟아 나오는데 이유는 연중 기온이 3도 밖에 차이가 안 나기 때문이다.

샤뻴도 많고 수도원도 있는 마을인데 대부분의 샤뻴은 폐쇄된 상태거나 사유지라서 방문이 불가능하다는 여행 안내소 직원의 말에 엄청나게 실망을 한 마을이 바로 이곳이다. 폐쇄된 이유는 관리상의 문제로 도난이나 파손이 우려되기 때문에 감시 카메라가 없는 곳은 모두 폐쇄 할 수밖에 없다는 설명이었다.

그럼 볼 게 뭐가 있냐고 물으니 "마을 전체가 볼거리다."라고 한마디로 정리해 주었다. 과연 골목을 어슬렁거리며 다니다 보니 여기 저기 볼거리는 많고 잘 보존된 마을이긴 하다. 주민은 600명 정도인데 반해 관광객은 주민의 4배 정도가 몰려오는 것이 그 증거이리라.

플로리에이유 수도원 Abbaye de Florièyes

1136년에 지은 프로방스 지방 최초의 시토 수도회 수도원이다. 로마 길(Via Julia Augusta)이 지나던 길목에 세워졌는데 지금은 샤뻴(chapelle Notre Dame de Florielle)만 남아 있고 그나마 폐쇄되어 방문은 불가능하다.

성 드니 교회 Église Saint Denis

마을의 동쪽 공동묘지 옆에 중세부터 있었던 교회 위에 로마네스크 양식으로 세워졌는데 11세기의 작은 술단지가 발견되었으니 초기 교회의 설립 연대를 추정할 수 있다. 18세기에 만든 종이 오른쪽에 있는 검소한 종탑에 들어가 있다. 내부에는 1058년 뚜르뚜르의 영주에 대한 수도원장의 중재 장면을 보여주는 그림과 드니 성인의 두상과 스테인드글라스가 현대적인 감각으로 제작되었고 회중석은 둘로 되어있는 아주 소박하지만 아름다운 교회다. 마을 사람들이 일요일에 미사를 드리는 살아 있는 교회로 외부 벽에는 담쟁이가 예술적으로 뒤덮은 채 마을의 맨 꼭대기에 서 있다.

교회 내부

이자른 수도원장의 미사 장면

성 드니 흉상

조졸한 제단과 아름다운 천정

교회를 완벽하게 보수한 아도니스 수도원장을
칭찬하는 기념비

성드니 교회에서 꼭 보아야 할 것을 순서로 나열해 보면 ① 성 요한상 (St Jean Evangéliste): 르베크(Levèque)가문의 희사금으로 제작한 복음사가 중 한명인 요한 성인의 목상으로 오른손이 훼손되었다. ② 스테인드글라스는 화려하면서 따뜻한 느낌을 주는 색으로 제작되어 아름답고, 엄청난 벽의 두께를 느낄 수 있다. ③ 이자른의 미사 장면에서 하얀 옷을 입은 이가 마르세이유 빅토르 수도원의 원장인 이자른 성인이고 그 아래 네 장면의 그림이 있다. 윗 그림과 아랫 그림 사이에 글이 쓰여 있어서 해석을 해보니 대단히 의미있는 그림이라 소개해 본다.

잔인한 빵뒬프(Pandulfe)에게 여기 뚜르뚜르에서 죽임을 당한 두 젊은 이의 숭고한 희생을 기리기 위해 1058년에 빅토르 수도원장인 이자른이 미사를 집전했다.

어느 신심 깊은 부인에게 나타난 두 망자가 말하길 이자른이 자신들을 위해 미사를 드리지 않으면 자기들은 하늘에 영영 올라가지 못할거라고 말했다.

"신의 은총을 받으십시오. 왜냐하면 당신은 하인들에게 자비를 베풀었으니까요"라고 그 부인에게 두 번이나 말하면서 그들은 하늘로 올라갔다.

두 그루의 느릅나무 deux ormeaux

1638년 안느 도트리슈(Anne d'Autriche:루이 14세의 어머니. 1601-1666)가 꼬띠냑(Cotignac)에 순례를 가다가 여기 뚜르뚜르에서 묵었다. 그때 루이 14세의 탄생을 기념하기 위해 두 그루의 느릅나무를 광장에 심었는데 1988년에 흑피증으로 없어지고 이탈리아에서 수입한 올리브 나무로 대체되었다. 이 광장 주위에는 귀족들의 가옥이 늘어선 마을의 중심이었다.

베르나르 뷔페(Bernard Buffet:1928.7.10.Paris−1999.10.4. Tourtour)의 조각품 〈호랑나비(Flambé)〉와 〈사슴벌레(Lucane)〉가 우체국 앞 넓은 광장에 세워져 있다. 이 조각상들은 뷔페의 부인이 이 마을에 기증했고, 다섯 명의 자녀들도 허락하여 여기에 설치했다. 또한 그리스의 뽀르따리아와 이 마을이 자매결연을 맺었다는 기념을 멋진 작품이 우체국 벽에 걸려 있다.

오래된 성 Vieux chateau

마을의 서쪽에 12세기에 지은 성으로 외벽에는 담장이 넝쿨이 무성한데 인기척도 없고 아주 소박하며 아담한 규모의 성이다. 예술품 전시장으로 쓰이고 있지만 지금은 닫혀있는 상태다.

뽀르따리아와 뚜르뚜르 자매결연 10년 축하 작품

베르나르 뷔페의 조각(사슴벌레)

꽁따두 골목

옛 성

꽁따두 골목길 Le Contadou

프랑스에서 가장 작은 집들이 있는 길로 〈꽁따두〉는 프로방스어로 "둘씩 센다"라는 뜻이다. 양을 산으로 이동시킬 때 목동은 자기 집 창문에 앉아서도 길이 좁기 때문에 양들의 숫자를 쉽게 셀 수가 있었다고 한다.

Info

Cotignac 북동쪽 25km

Draguignan 북서쪽 20km

Moustiers-Ste-Marie 남쪽 43km

Grasse 서쪽 74km

Aups 동남쪽 10km

깊고 아름다운 스테인글라스

혈거인의 동굴

혈거인의 흔적이 남아있는
꼬띠냑 <u>Cotignac</u>

혈거인의 동굴

꼬띠냑은 인구는 2000여 명으로 가장 아름다운 마을이면서, 프랑스 인들이 가장 선호하는 마을로 선정된 곳이다. 프랑스의 유명 가수인 조 다생(Joe Dassin:1938.New York-1980.Polynésie)이 1978년에 이 마을에서 결혼식을 올렸을 정도로 유명한 마을이라고 할 수 있다.

옛날부터 순례지이며 임신을 원하는 부부의 기원 장소이고 절벽 아래 거대한 종류석으로 가득한 동굴들은 감탄을 자아내기에 충분하다. 일

년에 순례객이 14만 명 이상 오는 마을이라 우리가 이 마을에 갔을 때
도 주차장마다 차들이 너무 많아서 동네를 몇 바퀴 돌고 나서야 겨우 주
차를 할 정도였다. 이 마을은 두가지 이야기를 간직해서 순례지가 되었
다 것은 다음과 같은 일이 일어났기 때문이다.

첫번째, 성모 마리아의 발현이 두 번 있었으나 교회로부터 공식적으
로 인정받은 것은 아니다. 1519년 8월 10일과 11일 장 드 라 봄(Jean de
la Baume)이라는 나무꾼이 "성모 마리아가 아기 예수를 안고, 끌레르보
의 베르나르 성인과 미카엘 대천사에 둘러싸여 나에게 교회를 지으라고
했다."라고 하자 교회가 지어졌다. 그러자 꼬띠냑이 순례지로 유명해지
면서 루이 13세 치하의 빠리까지 알려지자 피아크르(Fiacre:1609-1684)
라는 수도사가 1637년 10월 27일 기도 중에 내면의 계시를 받았다고
하면서, 결혼한 지 22년이 지났으나 아이를 낳지 못하는 안느 도트리슈
(Anne d'Autriche)왕비가 후계자를 낳을 수 있게 교회에서 9일 기도를 바
치도록 했다. 그러자 일 년이 채 되지 않아 루이 14세가 태어나니 왕비
는 자기 소원이 이루어졌음을 믿고 아들 루이 14세를 데리고 이 마을

에 순례를 오게 된다. 이후에 루이 14세는 성 요셉의 날인 3월 19일을 휴일로 선포한다.

두번째, 1660년 6월 7일 꼬띠냑의 서쪽에 있는 베씨옹(Bessillon)산 밑에서 목이 몹시 마른 목동 가스파르 리까르(Gaspard Ricard)에게 요셉 성인이 나타나서 "이 돌을 들어 올리면 물이 나올 것이다. 나는 요셉이다."하고 사라졌다. 과연 돌 밑에서 물이 콸콸나오니 마을에 와서 그 얘기를 하고 여기에 샤뻴을 짓기 시작했다. 〈은총의 마리아 교회〉와 〈성 요셉 수도원〉이 생겨나면서 성모 마리아, 성 요셉 그리고 성 가족을 향한 순례가 시작되었다. 이곳이 요셉 성인이 이 세상에서 맨 처음 발현한 곳이라고 한다.

이후 1976년에 아내가 어려운 임신 기간을 보내고 있는 한 남자가 친구와 함께 걸으며 기도하기로 했는데, 아들이 무사히 태어난 후 이 걷기를 연중 행사로 하기로 했다고 한다. 해가 거듭됨에 따라 친구들이 이 운동에 힘을 보태니 이 걷기가 순례로 바뀌었다. 지금도 전국에서 무리지어 순례오는 다양한 연령대의 사람들을 만날 수 있다.

은총의 마리아 교회 Église Notre Dame de Grâces

1519년 루이 14세와 어머니 안느 도트리슈가 방문하기 전부터도 이미 불임을 치유하는 곳으로 이름이 나 있었는데, 1519년 8월 10일과 11일에 성모 마리아가 발현한 곳인데 아기 예수와 끌레르보의 베르나르 성인 그리고 미카엘 대천사에 둘러싸인 모습이다.

교회에서 왼쪽 문을 열고 나가면 루이 14세의 명으로 설치한 검은 대리석 판이 있는데 거기에는 "프랑스와 나바르의 왕인 루이 14세가 프랑스의 왕비이며 그의 어머니인 안느 도트리슈의 소원에 따라 이 교회 안에 이 돌을 세우나니, 그의 어머니의 영혼을 위하여 후손들이 감사의 미사를 드릴 기념물로 잘 사용하길 바라노라. 1667년 4월 23일."이라고 적혀 있다. 교회 왼쪽 벽에는 피아크르 수사의 심장이 묻혀있는데, 자신의 희망과 루이 14세의 명령으로 여기에 묻혔다고 한다.

꼬띠냑 입구에서 왼쪽으로 산길을 따라 1.5km 걸어 올라가면 이 성지가 나오고 〈루이 14세의 계단(L'escalier Louis XⅣ)〉을 통해 교회로 갈 수 있다. 이 계단은 33개의 층으로 되어있는데 예수의 생애를 상징한다고 하며, 한층 한층 올라가면서 '천국의 문에 이르는 과정'을 생각해보라는 뜻이라고 한다. 우리 인생처럼 이 계단들은 구부러지고, 좀 높은가 하면 오히려 낮은 것도 있는 것이 인생과 같다는 뜻이란다.

1660년 2월 21일 날씨가 몹시 추웠는데 여섯 마리 말이 끄는 호화로운 마차가 도착했다. 50명의 근위 기병과 40명의 무장 근위병이 에스코트하는 가운데 루이 14세가 나타난 것이다. 어머니 안느 도트리슈와 노쇠한 추기경 마자랭도 함께였다. 왕은 이미 21살 때 자신을 '신이 주신 아이'라는 별칭을 얻게 해준 여기 기적의 교회에 와서 감사 미사를 드린 바 있었다. 결혼 후 22년 만에 임신을 한 것은 마리아의 도움이라고 전적으로 믿었기 때문에 멀리 빠리에서 여기까지 행차를 한 것이다. 교회 안에는 수 많은 봉헌물들과 루이 14세가 왕세자에게 꼬띠냑의 성모마리아를 가리키는 그림 그리고 〈루이 13세의 소망(Le Voeu de Louis XⅢ)〉이 걸려 있다.

교회 입구 오른쪽에는 막달라 마리아(Marie Madelaine)의 지하 무덤이 있다. 〈생명을 위한 기도소(Oratoire pour la vie)〉는 아마도 아이를 갖지 못하는 이들이 간절하게 기도하는 곳인 듯 두 손으로 아이를 받들고 있는 모습이 인상적이다. 또한 성모가 한 부부에게 아이를 건네주는 상도

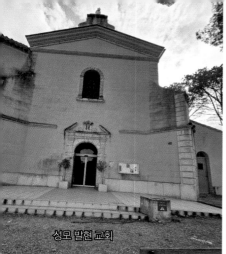

성모 발현 교회

마리아 막달레나 샤뻴 내부

ICI ∘ REPOSÉ
LE COEUR DU FRÈRE FIACRE
AUGUSTIN DÉCHAUSSÉ DE PARIS
MESSAGER DE NOTRE-DAME DE GRÂCES
AUPRES DE LA FAMILLE ROYALE

FUT TRANSPORTÉ DANS CETTE ÉGLISE
SUR SON DÉSIR ET PAR ORDRE
DE LOUIS XIV

피아크르 사제의 심장이

LOVIS XIV ROY DE FRANCE ET DE NAVARRE
DONNE A SON PEVPLE PAR LES VOEVX
QV ANNE D AVSTRICHE REYNE DE FRANCE SA MÈRE
A FAIT DANS CETTE ESGLISE
AVOV LV QVE CETTE PIERRE FVST ICY POSÉE
POVR SERVIR DE MONVMANS A LA POSTERITÉ
ET DE SA RECONNOISSANCE
ET DES MESSES QVE SA LIBERALITE Y A FONDEES
POVR L AME DE SADITTE MER
LE XXIII D AVRIL M DC LXVII

루이 14세의 카납비

루이 14세의 계단

아들에게 꼬띠냑의 성모를
보여주는 루이 14세

요셉 성인 샤뻴

요셉 발현 장소에서 기도하는 순례자들

교회 내부

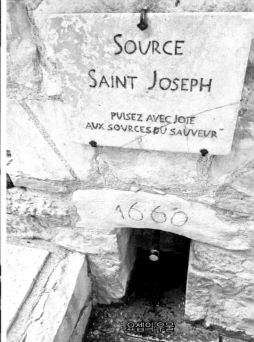

요셉의 우물

있으니 여기 성지가 아이를 낳게 해주는 강력한 힘이 있는 곳이라는 것을 알 수 있다.

성 요셉 샤뻴 chapelle de Saint Joseph et Monastère Saint Joseph du Bessillon

1660년 동쪽 산 위에 지은 샤뻴로 엄청난 순례자가 찾아오는 곳이다. 성 요셉이 목동에게 발현한 후 기념 교회를 지었고, 목마른 목동에게 시원한 물을 선사했던 우물에서는 지금도 물이 잘 나오고 있다. 하루에도 수많은 순례자가 찾아오기 때문에 한 병 이상은 받아가지 말라는 말을 써 놓았고 물통에 가득 받아놓고 목마른 자들은 마실 수 있게 물통과 함께 컵을 준비해 놓은 것은 참 아름다운 배려라고 생각되었다.

샤뻴 외부는 아주 소박하고 화려한 장식은 없지만 대문 위에 아름다운 문양과 함께 'MARIA, JESUS, JOSEPH'이라고 새겨져 있고, 그 위에는 예수를 안고 있는 요셉 성인이 서 있다. 샤뻴 안은 더욱 소박해서 회중석은 둘로 나뉘어있고 소박하면서 다소 거친 느낌의 제대 뒤에는 양과 십자가가 새겨진 함이 벽에 붙어있다.

제단 위를 가르는 가로로 된 기둥에는 'HAVRIETIS AQVASIN GAVDIO DE FONTIBVS SALVATRIS · ISAIA CAPITE 12'라고 쓰여 있는데 '너희는 기뻐하며 구원의 우물에서 물을 길으리라'라고 해석된다.

성 마르땡 샤뻴 chapelle Saint Martin

성 마르땡 샤뻴은 10세기에 지은 꼬띠냑에서 가장 오래된 샤뻴인데 사유지이기 때문에 방문은 불가능하다.

사계절 분수(봄)

사계절 분수(여름)

사계절 분수(가을)

사계절 분수(겨울)

절벽 측면에 혈거인의 가옥들

선사시대부터 푸석푸석한 바위에 굴을 파고 살았던 흔적이 지금도 남아있고 돌계단과 나선형 철제 계단을 통해 올라가면서 구경할 수 있게 만들어 놓았다.(입장료 2유로)

4계절 샘 Fontaine des quatre saisons

이 마을의 중심지인 강베따(Gambetta)공원에 1810년에 만든 샘으로 모두 다른 네 남자의 두상이 있고 그 입으로 물이 흘러나오게 되어있다. 꽃을 이고 있는 사람은 봄, 밀을 두르고 있는 사람은 여름, 포도를 두른 사람은 가을 그리고 슬픈 표정의 남자는 겨울을 상징한다고 한다.

성 베드로 교회 Église Saint Pierre

1524년에 만든 종이 있고 비문이 있는데 'MENTEM SANCTAM SPONTANEAM HONOREM DEO ET PATRIE LEBERACIONEM MCCCCCXXⅢ MATER DE GARTIA ORA PRO NOBIS'라고 새겨 있다.

해석해보면 "여신을 존경하는 순결한 정신과 조국의 자유를 위하여 1523년 은총의 어머니시여 우리를 위하여 빌어 주소서"라고 쓰여있다.

혈거인의 동굴

성 베드로 교회

교회 내부

　교회 안에서 특별하게 주의해서 볼 것은 ①장식병풍: 성가족, 요셉의 죽음을 알리는 천사들 ②성수반: 하얀 대리석으로 이 교회의 초기 작품으로 고상하고 우아한 자태를 뽐내고 있다. ③그림: 마르땡 성인이 자신의 외투를 나눠 입는 ④제단: 채색된 대리석으로 조가비, 아기천사와 소용돌이 모양이 조각된 제단. 요한 묵시록의 양, 밀 이삭, 포도송이가 조각되어 있다. 교회

망또를 내주는 마르땡 성인

출입문 위에 프랑스 대혁명의 구호인 자유(Liberté), 평등(Égalité), 박애(Fraternité)가 새겨져 있다.

info

　　Brignoles 북동쪽 20km

　　Toulon 북쪽 70km

　　Aix-en-Provence 동쪽 75km

　　Draguignan 서쪽 36km

레보드 프로방스 마을

현대와 중세가 공존하는 마을
레 보 드 프로방스 Les Baux de Provence

마을 뒷편

레 보는 인구가 300여 명 밖에 되지 않은 작은 마을이지만 가장 아름다운 마을로 지정되어 있고 볼거리가 많아서 년 150만 명이 넘는 관광객이 몰려오기 때문에 성수기에는 주차 문제로 주먹 다짐이 오가기도 한다는 마을이다. 나는 이 마을에 두 번을 갔는데 이른 시간에 갔기 때문에 주차 문제를 전혀 신경쓰지 않았다. 오히려 좋은 자리에 주차한 후 동네 카페에 앉아 아름다운 주위를 둘러보는 재미도 쏠쏠하다.

한 마디로 이 마을은 중세 때 봉건 제후가 외적의 침략을 막기 위해 산 꼭대기 바위 위에 성을 쌓고 오백 년 동안 군림해 온 곳이다. 파란만장한 역사를 거치면서 성은 파괴되고 폐허로 남아 있지만 그 폐허마저 아름답다고 할까.

그 옛날 레 보의 주민들은 자신들을 안전하게 지켜주는 제후들의 뜻에 따라 결혼도 해야 했는데, 사실 이 잔인했던 시절에 살아남기 위해서 그들은 다른 선택의 여지가 없었다고 한다.

성 Le château des Baux

성 앞 담벼락에 재떨이

요새화된 성으로 지금은 폐허로 남아 있다. 11세기에 지어져 2세기 동안 프로방스의 문화와 정치의 중요한 장소가 되었다. 지역 간의 전쟁이 많아 1145~1162년 전쟁 당시 이 마을은 맹위를 떨쳤다. 이 특별한 성은 혈거인의 마을을 내려다보는 알프스의 깎아지른 바위가 남쪽에 있고, 동쪽에는 유럽 봉건제의 가장 오래된 건물 중의 하나가 있다.

10세기부터 요새가 직사각 탑으로 무장되고 지금까지 가장 잘 보존되고 있으며 안에는 바위를 파고 만든 방들이 있다. 지금도 샤뻴과 거대한 요새의 폐허가 남아 있는데, 이 성이 있는 고원(언덕)에서 날씨가 좋은 날에는 지중해까지 볼 수 있다고 한다. 성 터의 곳곳에는 옛 무기가 전시되어 있다. 성과 빛의 채석장 입장 요금은 18 유로이다.

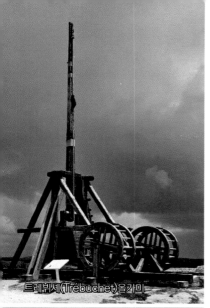

트레뷔셰(Trébuchet)올가미

중세의 전쟁 무기들

트레뷔셰(Trébuchet)올가미 : 12세기의 무기들 중에서 가장 큰 공격무기로 무겁고 두꺼운 석벽에 구멍을 뚫는 데 사용했다. 아주 강력하고 정확하게 200m 밖에서 140kg까지 던질 수 있었다.

여기에 전시되어 있는 무기는 프랑스에서 유일하고 가장 큰 것이다. 높이가 16m에 무게는 10톤 가까이 된다고 한다. 커다란 막대기에 평형추가 달려있고 포탄을 넣는 주머니가 있다. 일꾼들이 밧줄을 당겨 주머니에 돌 포탄을 넣고 한 시간에 두 번 투척할 수 있다. 이 무기를 옮기기 위해서는 성인 남자 60명의 힘이 필요했다. 이 무기는 원래 오리엔트에서 사용되었는데 십자군들이 가져온 것이다. 중세 때는 가장 두렵고 강력한 무기로 인식되어 〈전쟁의 늑대〉라는 별칭이 붙어있다.

벨리에(Bélier)파벽추

벨리에(Bélier)파벽추 : 무거운 성문과 성벽을 부수는 장치로, 천정에서 늘어뜨린 긴 뼈대는 동물 가죽, 똥을 섞은 기름 그리고 잔디를 잘 버무려 만든 것

중세 투석기

어두움이 지나면 빛이 오리니　　　　　　　　카타리나 성녀 샤뻴

으로 앞뒤로 움직여서 공격하며 적군이 성벽에서 던진 불붙은 포탄으로부터 보호해 주는 무기다.

프로테스탄트의 좌우명이 새겨진 창문

"어두움이 지나면 빛이 오리니 1571년(Poste ténèbras Lux 1571)" 종교개혁에 열성적이었던 망빌(Manville)가문의 창문에 새겨진 개신교도들의 좌우명이다. 중세 때의 망빌 가문의 위세와 권세와 부는 대단해서 동네 여기 저기에 그 이름이 남아있는데, 지금도 고급 호텔이며 골프장, 리조트를 소유하고 있는 명망있는 집안이다.

성 카타리나 샤뻴 L'ancienne chapelle Sainte Catherine

12세기에 로마네스크 양식으로 지은 샤뻴로 성에서 가장 오래된 곳이다. 처음에는 〈성 마리아(Sainte marie)〉 샤뻴로 성 입구에 세워 적군이 성채 안으로 쳐들어 오는 것을 막아주는 영적 보호자 역할을 바랐던 것이다. 또한 샤뻴에서 행정적인 업무도 봤으니 참사회원은 영주의 재산을 관리하고, 토지에 대한 법률상의 보고서도 작성하기도 했으며 영주와 그 가족이 묻히는 장소로도 쓰이기도 했다.

15세기에 샤뻴은 고급스러운 가구를 갖추고 장식도 화려하게 꾸며서 수많은 전례서, 값진 성직자의 옷들 그리고 금은 세공품들이 있었다. 16세기에 샤뻴은 고딕 양식으로 보수되어 지금 보듯이 세련되고 화려한 첨두형 궁륭을 갖추게 되었다.

언제부터인지 정확하지는 않으나 이 샤뻴은 카타리나 성녀의 보호를 받게 되는데, 알렉산드리아의 성녀를 말하는지, 시에나의 성녀를 말하는지는 분명하지는 않다고 하는데 연대로 보면 알렉산드리아의 카타리나 성녀가 맞을 것 같다. 이 샤뻴과 관련해서는 아주 슬픈 전설이 내려오고 있는데 그것은 보(Baux) 가문의 진주인 바르브(Barbe) 공주에 관한 이야기이다.

공주는 이제 막 스무살이 되어 가장 지체높은 집안의 자제들이 청혼을 했으나 그녀의 부모는 3년을 기다리라는 조건으로 사촌인 기욤에게 결혼을 허락한다. 기욤은 긴긴 시간 약혼녀를 그리워하다가 3년이 끝나갈 때 만나러 달려간다. 도개교를 건너가면서 아무도 자신을 반겨주지 않아 심상치 않은 기운을 느꼈는데 아니나다를까 창백한 얼굴로 슬프게 오열하는 바르브의 어머니만 볼 수 있었다.

약혼녀의 방으로 안내되어 가 보니, 바르브는 몹쓸 열병에 걸려 의식이 없는 중에도 성모 마리아, 안드레아 성인, 블레즈 성인 그리고 약혼자인 기욤의 이름을 웅얼거리며 병마와 싸우고 있었다. 그러다가 갑자기 그녀는 움직이지도 않고 얼굴이 납빛으로 변하는 것이었다. 그렇게 젊은 처녀는 죽고 비탄에 잠긴 울음소리만이 방을 가득 채웠다. 기욤은 말없이 약혼녀의 손에 입술을 대고 오래 오래 시신을 바라보고 있었다. 사람들은 처절한 맹수의 울음소리를 들을 수 있었는데 기욤이 무너지듯 쓰러졌다. 슬픔이 그를 죽인 것이다.

바르브의 관이 기욤의 관 옆에 놓여지고 처녀들이 다시 한번 그녀를 보고 싶어 관 뚜껑을 열자 그녀가 움직이며 눈을 살포시 뜨는 것이었다. 그녀를 관에서 꺼내 아직도 장미와 백합으로 덮여 있는 침대에 눕히자, 그녀의 첫 질문은 약혼자에 관한 것이었다. 조심스럽게 기욤의 죽음을 알려주자, 그녀는 자기는 다른 누구한테도 시집을 가지 않을 것이며 수녀가 되겠노라 선언을 한다. 죽어서야 수녀원을 나와 그녀의 시신은 보(Baux)에 있는 기욤 옆에 묻혔다고 한다.

알렉산드리아의 카타리나 성녀 Catherine d'Alexandre:287-312

이집트의 알렉산드리아에서 태어나고 막시미누스 다자(Maximin Ⅱ Daïa 270-313:로마제국의 마지막 황제)치하에서 순교한 동정녀로 여섯 명의 위대한 순교자 중의 한 명이다. 그녀는 18살에 이미 나이에 비해 대단한 학식을 갖췄다고 한다. 황제가 그녀를 개종시키려고 수많은 철학자를 보내 회유하려 했으나 오히려 그들이 그녀에게 설득당하는 일이 벌어지니, 황제가 진노하여 그녀를 감옥에 가둔다. 그녀는 못이 박힌 바퀴에 깔려 죽을 형편이었는데, 천사들이 나타나 바퀴를 부셔버리니 황제는 그녀를 참수시킨다. 그녀의 유해가 시나이 산에서 발견된 후 그 자리에 수도원이 생겨난다. 그림이나 스테인드글라스에서 그녀는 호화로운 옷을 입고 막시미누스 황제를 발로 밟고 있고 옆에는 바퀴가 있는 것으로 묘사되며 축일은 11월 25일이다.

시에나의 카타리나 성녀 Catherine de Sienne:1347-1380

시에나에서 태어나 로마에서 죽은 도미니크회 제3회(미망인만 될 수 있는 수녀회로 집에서 수행하는 단체임)의 수녀이며 신비주의자, 교회 학자로 일컬어지며 아씨시의 프란치스코 성인과 함께 이탈리아의 수호성인으로 추앙받고 있다.

자신의 신비한 체험을 한 내용을 『대화록(Le Dialogue)』이라는 책으로 남겼고 1368년에는 그리스도와 〈영적 혼인〉이라는 신비한 체험을 했다고 하며, 1375년에는 피사에서 미사를 하던 중에 〈성흔 즉 예수의 오상〉을 받았다고 하는데 자신 외에는 아무도 볼 수 없었으나 그녀가 죽을 무렵에는 뚜렷이 상처가 드러났다고 한다. 그녀는 아비뇽에 와 있던 그레고리오 11세 교황이 로마로 돌아가도록 힘썼으며, 수 년 동안 엄격한 단식을 했기 때문에 1380년 초부터는 물도 넘기지 못하는 지경에 이르렀고 급기야는 다리를 움직이지 못하게 되어 33세에 로마에서 선종하게 되었다.

그녀의 유해는 로마의 산타 마리아 소프라 미네르바 성당에 매장되었고, 금박을 입힌 그녀의 머리와 썩지 않은 엄지 손가락은 시에나의 도미니크회 성당에 안치되어 오늘에 이르고 있다. 또한 그녀의 왼쪽 발은 베니스의 산 자니폴로 바실리크(Basilique de San Zanipolo)에 모셔져 있고, 축일은 4월 29일이다.

성 블레즈 샤뻴 L'ancienne chapelle Saint Blaise

12세기에 프로방스식 로마네스크 양식으로 지어진 이 샤뻴은 18세기까지 방직공들의 만남의 장소였는데, 블레즈 성인의 이름을 붙인 것

성 블레즈 샤뻴

카타리나 성녀

귀한 타피스리만

도 이 성인이 양모업자의 수호자이기 때문이다. 샤뻴 근처에서 다듬은 부싯돌, 옛날 동전과 도자기가 발견되었는데 깨진 조각으로 볼 때 켈트 족 시대 또는 로마 시대 것으로 추정된다.

지금은 겉모습은 제대로 남아 있지만 내부는 거의 폐허나 다름없이 방치된 상태로 제단도 없고 의자도 한 개 없는데 아름다운 타피스리 한 장이 덩그러니 걸려있다.

성 뱅상 교회 L'église Saint Vincent des Baux

성 뱅상 교회

304년에 순교한 뱅상(빈센치오) 성인을 기리기 위해 12세기에 부분적으로 바위를 파서 만든 로 마네스크 양식의 교회로 팽나무 와 느릅나무가 심어진 광장을 보 고 있다. 이 교회가 이 동네에서 가장 중요하고 가장 오래된 건물 이므로 이곳이 마을의 중심부라 고 생각해도 좋을 것이다.

이 교회는 원래 수도원 부속

망빌 부인의 무덤   스테인드글라스   묘비명

교회로 지어졌는데 15세기에 본당 교회로 바뀌었다. 회중석은 하나이고 두 개의 측랑에는 샤뻴이 3개씩 있다. 오른쪽 샤뻴은 11세기에 만들어졌고 외벽은 바위를 파서 만들었다. 회중석 왼쪽 세 번째 샤뻴에 하얀 대리석으로 된 망빌(Manville) 부인의 유해없는 기념묘가 있는데 넓은 비문을 보면 맨 처음에 대문자로 'D. O. M.'이라고 쓰여 있다. 이것은 '데오 옵티모 막시모(Deo Optimo Maximo)'의 줄임말로 '지극히 선하고 높으신 신께'라는 뜻으로 종교 건축에 새기는 봉헌의 말이다. 그리고 부인의 관에는 '망빌 가문의 후손이시여 주님 안에서 축복 받으소서!'라고 적혀있다. 1540년에 망빌 가문 부담으로 이 샤뻴이 지어졌기 때문에 여기에 관을 안치한 것은 당연한 일이라고 생각된다.

입구에서 왼쪽으로 성 마르코 샤뻴, 성 세바스챤 샤뻴 그리고 성 십자가 샤뻴이 있는데 바로 이 십자가 샤뻴은 망빌 가문이 만든 샤뻴이다. 회중석 오른쪽에도 세 개의 샤뻴이 있다. 한 샤뻴에는 18세기에 만든 세례반이 있고, 그 다음 샤뻴은 바위를 파고 만들었는데 좀 더 오래된 세례반이 있다. 아마도 여기서 갓난 아기들을 물에 담궈 세례를 줬을 것이다. 그 옆에는 성탄 전야에 성모상을 모시고 동네를 한 바퀴 돌았던 행진용 마차가 한 구석에 놓여있다.

회중석 중앙에 있는 기둥에 높이가 12m 되는 묘석을 볼 수가 있는데 한 남자가 손을 모으고 기도하는 자세로 무릎을 꿇고 있다. 고인이 죽은

십자가의 길   프로방스풍의 성화

날짜(1467년 10월 7일)가 적혀있고 돌의 둘레에는 '은총이 가득하신 아베 마리아여 주께서 너와 함께 계시니(AVE MARIA GRACIA PLENA DOMINUS TECUM)'라고 성모를 찬양하는 글이 조각되어 있는데 보존 상태도 좋을 뿐 아니라 구도나 전체적인 조화가 참 아름다운 기념물이다.

〈십자가의 길〉은 빠리의 목판 조각가인 루이 주(Louis Jou:1881-1968)가 제작한 것으로 14개의 나무 판에 도안을 하고 파내어 만든 작품이다. '하늘 높은 곳에서는 신께 영광, 땅에서는 착한 사람에게 평화'라고 새겨 있고 가운데에 가시관을 쓴 예수가 고뇌에 찬 표정을 짓고 있다.

초기 집기들은 거의 남아 있지 않지만 여전히 로마네스크 양식의 매력을 간직하고 있다. 단순하면서 육중한 종탑도 완벽하게 전체와 조화를 보여준다.

현대적인 감각이 돋보이는 스테인드글라스는 모나코의 레이니에공(1923-2005)이 하사하여 1960년에 막스 인그랑(Max Ingrand, 1908-1969 : 유명한 유리장인)이 제작한 작품이다. 광장에는 하얀 회개자 샤뻴(pénitents blancs)도 있는데 1974년에 보수하면서 벽에 이브 브레이어(Yves Brayer)

가 목동과 탄생을 주제로 하여 프로방스 색채가 강한 프레스코화를 그려 놓았다. 십자가도 의자도 없는 교회, 비어 있으나 꽉 찬 느낌의 교회이다.

뱅상 성인 Vincent de Saragosse

스페인의 사라고스 출신으로 디오클레티아누스(Dioclétien)황제 치하에서 순교당함. 포도 재배자의 수호자로 불리우며 축일은 1월 22일이다.

루이 주 Louis Jou

루이 주는 1881년 5월 29일에 스페인의 바르셀로나에서 태어나 프랑스로 이민을 와 1968년 1월 3일에 죽은 화가이자 조각가이다. 그는 16살이라는 어린 나이에 화가가 된다. 1906년에 프랑스로 건너와 기욤 아뽈리네르(Guillaume Apollinaire:1880-1958, 로마 출생, 1918 빠리 사망, 시인, 비평가)와 프란시스 까르꼬(Francis Carco:1886-1958, 시인, 작가)랑 친분을 쌓는다. 1908년에 시인, 인쇄업자 겸 편집자인 프랑스와 베르누아르(François Bernouard:1884-1949)를 만나면서 자신이 아름다운 필체로 조각할 수 있는 재능을 발견하게 된다. 피카소와 자주 만나면서 자연스럽게 장 콕토(Jean Cocteau:1889-1963, 시인, 화가, 극작가)를 알게 되고, 그가 발간하는 호화잡지〈세라자드(Schéhérazade)〉에 주문을 받게 된다.

1909년과 1910년에는 여러 잡지에서 자신의 도안을 출판하게 되면서 명성이 높아졌다. 1921년에 작가인 앙드레 수아레스(André Suarès:1868-1948, 시인, 작가)를 알게 되면서 평생 우정을 나누는 사이가 되는데, 수아레스는 루이를 〈책의 건축가〉라고 극찬했다.

그는 1939년에 빠리를 떠나 레 보 드 프로방스에 정착해 〈루이 주의 책들(Les livres de Louis Jou)〉이라고 이름 붙인 가장 아름다운 작품을 완성한다. 그는 같은 업종의 사람들과는 완전히 예외적으로 혼자서 업적을 이룩한 점에서 높은 평가를 받는 사람이다.

하얀 회개자 샤뻴

프랑스 교회를 돌아다니다 보면 샤뻴 이름 중에 회개자, 속죄자(Pénitent) 뒤에 하얀(blanc), 보라색(violet), 회색(gris), 빨강(rouge), 검은(noir), 블루(bleu) 등이 붙어있는 것을 종종 보게 된다.

종교전쟁이 끝난 후 프랑스는 불안한 평화를 찾게 된다. 외적 평화는 찾았으나 카톨릭 당국은 선교 활동을 일으키고 개혁에 몰두하게 되는데 이것을 〈반 개혁〉이라고 한다. 평신도 단체들도 제자리를 찾게 되는데 신자들이 집합(기도) 장소에 모일 때 검은 두건 달린 옷을 입었으면 검은색 옷을 입은 회개자(pénitents noirs)가 되는 것이다. 그러니까 두건(즉 옷)

색깔에 따라 샤뻴 이름이 지어졌으니 여기 모인 신자들은 하얀 망토(두건)를 입고 모였다는 뜻이다.

이브 브레이어 Yves Brayer:1907-1990

프랑스의 화가, 조각가, 만화가, 극장 장식가로 어렸을 때 엄마와 프로방스를 여행하던 중 그가 스케치한 것을 보고 소질을 발견했다고 한다.

풍차 Moulin ā vent

풍차

영주의 특권으로 풍차를 만들고 유지했지만 주민 누구나 사용할 수 있었다. 서로 만나서 물건을 교환하기 유리한 장소에 농부들은 나귀에 밀을 싣고 와서 밀가루와 바꿔 집으로 돌아갔다. 이 풍차는 1632년에 비트리 원수(Maréchal de Vitry)가 이 마을에 있는 풍차를 다 파괴한 이후에 바람이 많은 고원 위에 만든 것으로 프레데릭 미스트랄(Frédéric Mistral:1830-1914, 작가)과 알퐁스 도데(Alphonse Daudet:1840-1897) 작가의 고증에 충실하게 따라 만든 것이다.

토끼굴 Trou aux Lièvres

중세 시대에 성의 방어체계를 완벽하게 하기 위해 만들어진 〈토끼 구멍〉은 유일하게 보호받으면서 동쪽에서 곧장 성으로 접근할 수 있는 통행

죄인 공시대

혈거인의 거주지

로이다. 바위의 다른 쪽에서 빠져나오는 지하도는 회랑에 배치된 간수들의 감시하에 출입할 수 있었다. 15세기에 간수들의 경계가 허술한 틈을 타서 적군이 쳐들어 오긴 했으나 〈가짜 문〉에 부딪혀 그만 잡히고 말았다고 한다.

죄인 공시대 Pilori

두 개의 말뚝에 고정된 나무판과 움직이는 나무판이 가로로 놓여 있는 이 장치는 죄인의 손목과 머리를 꽉 조이게 설계되어 있다. 사람들이 많이 다니는 장소에 설치되어 죄인들은 오랫동안 마을 사람들의 욕설과 돌팔매를 견뎌야 했다. 중세 시대에 절도, 주먹다짐 또는 약탈 같은 중대한 범죄를 다스리기 위해 설치된 이 공시대는 지체 높은 재판관들만이 설치할 수 있었다.

이 수치스러운 벌을 선고하고, 유혈 범죄자를 극형에 처하고 낚시, 사냥, 비둘기 사육에 관한 권한도 그들만이 가지고 있었다. 12세기부터 기록에 나오는 이 공시대는 프랑스에서 19세기까지 사용되었다.

빗물 저장소   물의 문(porte d'Eyguieres)

혈거인 거주지

바위 밑을 뚫고 파서 만든 집으로 여름에는 시원하고 겨울에는 따뜻했던 이 집에서 19세기 까지도 사람들이 실제로 살았다. 그 안에는 물, 올리브유를 보관하는 장소도 마련되어 있었고 벽이나 천정에 주머니를 매달아 그 속에 소금을 넣고 고기를 보관했다.

빗물 저장소 Plan dalle

보(Baux)마을은 높은 지대에 있기 때문에 우물이나 샘이 없었다. 그래서 개인이나 공동으로 빗물을 저장할 수 있는 저수조가 필요했다. 1868년에 성 뱅상 교회 앞 광장에 882㎥ 미터의 저수조가 만들어졌고, 고원 위에 빗물받이 연못을 만들어 표면적으로 3,000㎡의 물탱크를 만들어 주민들에게 물을 공급했다.

물의 문 porte d'Eyguieres:porte d'eau

이 마을에서 유일하게 마차꾼이 성에 물품을 나르느라 드나들었던 문으로 요새의 한 부분이며 밤낮으로 방어 시스템에 의해 보호받던 문이라고 함.

비둘기장 Le colombier

11세기에 흙벽에 구멍을 파서 만든 비둘기 집이다. 비둘기 집은 줄리어스 시저(BC100-BC44)가 프랑스를 침략하기 전까지 프랑스에는 비둘기 집이라는 것이 없었는데, 이미 로마인들은 비둘기 사육에 열정을 바쳤다고 한다.

비둘기장의 내부는 〈구멍〉이라고 불리는 둥우리로 나뉘어져 비둘기 부부가 사는 공간이 된다. 이 〈구멍〉은 돌, 벽돌, 짚을 섞은 벽토를 써서 만들거나, 항아리를 눕혀 놓거나 또는 버들가지를 바구니나 둥지 모양으로 엮어서 만들었는데 설치류가 침입하지 못하게 유약을 발랐다.

이 〈구멍〉의 숫자를 보면 비둘기를 몇 마리 키우는지 알 수가 있었는데 2,000개에서 3,600개까지 있었다고 하니 비둘기는 4,000마리에서 7,200마리까지 키웠다는 것을 알 수 있다. 이 〈구멍〉의 숫자와 경작하는 땅이 비례했기 때문에, 어떤 사람들은 자녀들을 더 좋은 조건으로 결혼시키려고 가짜로 〈구멍〉을 더 많이 만들어서 마치 땅을 많이 소유하고 있는 것처럼 믿게 했다. 그래서 '속이다(se faire pigeonner)'라는 어원이 여기에서 나왔다고 한다.

중세 때는 영주나 재판관만이 비둘기장을 가질 수 있는 특권을 누렸는데 닭장, 사냥개 집, 빵 굽는 화덕 그리고 와인 저장고를 가지고 있는 것 보다 권력과 부를 상징했다. 보통 외양간, 곡물창고 또는 헛간을 포함해서 비둘기장을 가지고 있는 사람은 적어도 25ha의 농지를 경작할 수 있었다고 하니 비둘기장이 곧 부의 상징이었던 것이다.

트레마이예 Trémaïé

트레마이예는 보(Baux)고원의 동서쪽 암벽 4m 위에 새겨져 있는 갈로 로맹시대의 저부조(얕은 돋을 새김)이다. 이 암벽은 고원에서 굴러 떨어진 것으로 추정되는데, 그 위치가 너무 위태로워 19세기부터 샤뻴을 지어 아주 안전하게 바위에 덧대어 놓았다. 바위에는 세 사람이 새겨져 있는데 1세기에 팔레스타인에서 작은 배를 타고 피난 나와 프로방스 지방에 상륙했던 〈세명의 마리아(Trois Maries)〉 즉 '마리아 막달레나, 마리아 살로메 그리고 마리아 자코베'라고 생각해서 보(Baux)의 주민들은 해마다 5월 25일에 이 곳에 순례를 온다.

순례자들은 작은 배를 들고 순례를 오는데, 그녀들이 상륙했던 까마르그(Camargue)의 생트 마리 드 라 메르(Saintes -Maries-de-la- Mer)까지

tremaie 주거지

tremaie조각

고흐의 작품

순례를 가는 것보다는 경비가 덜 들었기 때문이라고 한다.

그러나 이렇게 세 인물을 〈세 마리아〉라고 단정짓는 것이 잘못이라는 고고학자들도 있다고 하는데 그 이유는 1,75m에서 1,83m의 실물 크기로 제작된 이 상들은 한쪽으로 약간 기울어진 두 사람의 머리가 가운데 있는 사람 쪽으로 향하고 있는데, 왼쪽에 있는 인물은 여자가 아니라 남자라는 것이다. 그래서 학자 중에는 로마 시대의 유명한 마리우스(Marius) 장군, 그의 아내 줄리아(Julia:줄리어스 시저의 숙모) 그리고 예언자 마르타(Martha)라고 주장하는 사람도 있다.

기원 전 100년 경에 마리우스 장군은 로마가 프로방스 지방을 통치하는 데 위협이 되는 야만족 중 킴브리 족(Cimbres)과 튜튼 족(Teutons)을 축출하기 위해 여기 보(Baux)에 부대를 주둔시켰다. 그는 항상 예언자인 마르타를 데리고 다녔는데, 이유는 자기들의 승리를 예언함으로써 군인들을 단결시키고 용기를 불어 넣어주는 힘이 컸기 때문이다. 실제로 마리우스 장군은 엑상 프로방스(Aix-en-Provence)에서 있었던 결정적인 전투에서 승리를 거둔 후, 로마로 부터 골(Gaule:프랑스)서쪽 지방을 전부 진압해도 좋다는 허락을 받아냈다고 하니 그에 대한 존경심을 나타내기 위해 조각을 했을 법도 하다. 양쪽에 있는 두 사람은 가운데 고급스럽게 머리치장을 한 소녀의 부모로 보는 것도 예측할 수 있는 가설이라고 한다.

빛의 채석장 Carrières de Lumières

마을에서 걸어서 5분 정도를 내려가면 멀티미디어의 장관이 연출되는 기념비적인 장소가 나온다. 채석장 자리에 1976년에 〈Cathédrale d'Images〉라는 이름으로 창조되었는데 클림트, 고흐, 피카소 등 유명 화가들의 작품을 사방 팔방에 쏘아 마치 딴 세상에 와 있는 것 같은 환상을 맛볼 수 있다. 앞에 있는 주차장이 항상 북적이기 때문에 윗 동네에서 걸어 내려가는 것이 더 좋을 수도 있다. 여행 안내소에 가면 그 날의 프로그램을 알 수 있으니까 시간을 잘 안배해서 쓰면 좋다.

info
    Avignon 남쪽 31km
    Arles 북동쪽 22km
    Nîmes 동쪽 46km
    Marseille 북서쪽 84km

별이 빛나는 밤에

성 안에서 내다 본 마을

르네상스 양식의 성을 품고 있는
그리냥 Grignan

그리냥 마을

우리에게는 다소 생소한 마을이지만 프랑스에서는 가장 아름다운 마을로 선정된 적도 있는 중세 마을로 1,570명 정도가 살고 있다.

성 château

여성 문인이었던 세비녜 후작부인(la marquise de Sévigné:1626-1696)은 세 차례 그리냥에 머물렀다. 그녀는 서신에서 그리냥 성의 가구, 장식 그리고 진행하고 있는 작업 등 성에서의 일상 생활을 세세하게 묘사해

르네상스 양식의 그리냥 성

서 세상에 그리냥 성의 존재를 알렸다. 그녀는 1696년에 사망하여 그리냥의 수도원 교회에 묻혔다. 그녀의 문학적 명성 덕분에 성의 역사에 깊은 흔적을 남겼다고 볼 수 있다.

12세기에 지은 그리냥 성은 여러 차례의 화재와 대혁명을 거치면서 파괴되고 귀중한 것들은 약탈당하고 팔려나가 거의 폐허로 방치되어 있었다. 1844년에 그리냥 성을 방문한 메리메(Prosper Mérimée:1803-1870, 프랑스 작가. 고고학자. 역사학자. 역사위원회 조사관)는 "성은 잔해더미에 불과해서 그 전의 모습은 상상조차 하기 힘들었다. 그림. 석판화 그리고 사진들만이 옛날을 말해주고 있었다. 감동을 찾아다니는 여행자에게는 큰 비극이 아닐 수 없다"라고 썼다. 그러다가 마리 퐁텐느 (Marie Fontaine:1853-1937)부인이 정성을 다해 재건한 결과 지금 모습으로 정비되어 르네상스 시대의 건축과 훌륭한 장식품들을 볼 수 있게 되었다. 관람은 외부만 하면 요금이 2유로(2023년 현재)이고, 내부까지 보게 되면 8유로이다. 성 내부는 2층의 일부만 공개하지만 그것도 꼼꼼하게 보려면 시간이 많이 걸리고, 그림이나 가구 또는 장식품이 너무나 많기 때문

| 잘 다듬어 놓은 나무 | 그리냥 성 입구 | 마리 퐁텐느의 초상화 |

에 기억하기도 힘이 든다. 다음에 방문할 분들을 위해 최대한 기억을 끌어내 보려고 애써보지만 혹시 오류가 있을지라도 넓은 이해를 바란다.

마리 퐁텐느 Marie Fontaine:1853-1937

마리 퐁텐느는 공증인인 쥴르 바루(Jules Baroux)의 딸로 생또메르(Saint-Omer)에서 태어났다. 변호사인 첫 남편과 15년 살았고, 39살에 은퇴한 해군 경리관이면서 29살 연상인 쥴르 퐁텐느(Jules Fontaine)와 재혼한다. 그녀의 남편은 결혼 9년 만에 사망하면서 막대한 재산을 그녀에게 물려준다. 그녀는 빠리의 부자들이 사는 16구에 살면서 이탈리아의 문물에 흠뻑 매료된다. 자연스럽게 로마의 고위 성직자이며 건축가인 조셉 메프르 몽시뇰(Joseph Meffre Mgr:1858-1928)과 친분을 쌓는다. 원래 프로방스 출신인 그는 그녀에게 프로방스의 아름다움을 발견하도록 이끌어 주고 조언을 아끼지 않는다.

남편이 남겨준 유산 덕분에 마리 퐁텐느는 1912년 12월 18일에 폐

프랑스와 1세의 방과 그의 표시 도롱뇽과 F　　　　　　　　　마리 퐁텐느의 방

　　허로 방치되어 있던 그리냥 성을 57,000 프랑에 매입하여 과거의 명성을 되찾고자 1913년부터 1925년 까지 대대적인 보수공사에 들어간다. 조셉 메프르 몽시뇰이 계획을 수립하고 거기에 배치할 작품을 선정하는데 많은 도움을 주었다고 한다. 성을 지금 모습으로 되돌려 놓은 후 1937년 그녀는 빠리에서 사망하고 조카들인 이본느(Yvonne)와 조르쥬(Georges)가 성을 상속받았으나, 성의 관리나 보존에 별 관심이 없었기 때문에 1979년에 드롬(Drôme)주에 성을 헌납하게 된다. 그래서 성은 드롬 주의 재산이 되었고 현재는 모든 관리를 주에서 하고 있다.

프랑스와 1세의 살롱 Salon François 1er

　　1533년에 프랑스와 1세가 그리냥 성에 머물렀던 것에 대한 존경의 의미로, 마리 퐁텐느는 응접실을 꾸미고 왕의 이름을 붙였다. 찬란했던 과거의 영광을 되찾고 싶었던 그녀는 그 시절에서 영감을 받은 장식과 가구를 선택해서 이 방에 배치했음은 물론이다.

　　왕의 상징과 합자(도롱룡과 왕관 쓴 F, 천정부분만 확대사진 참조)로 장식된 천정 아래에 있는 두 개의 의자와 금고는 중세 후기의 작품이고, 2단 장과 네 개의 의자 그리고 벽지는 16세기 것이다. 많은 세월을 거쳤음에도 전혀

부인의 방   천정부분만 확대사진

유행에 떨어지지 않으면서도 품위있고 편안한 응접실을 꾸민 마리 퐁
텐느의 안목을 느낄 수가 있다.

마리 퐁텐느의 방 Chambre de Marie Fontaine

16세기에 만들어진 규모가 상당한 이 방은 20세기에 들어서 마리 퐁
텐느의 방이 되었다. 새 여주인은 아주 검소한 침실로 꾸몄는데, 화려하
지 않은 줄무늬 벽지와 대조되는 훌륭한 대리석 벽난로와 시계가 호화
로움을 더해준다. 전체적으로 우아하면서 편안함을 추구한 이런 조화
로움은 루이 16세 시대의 유행이라고 한다. 자신의 방을 이런 스타일로
꾸밈으로써 아름다운 시절 즉 20세기 초엽(La Belle Époque)의 보수적인
상류사회를 따라가고자 한 것이다.

부인의 방 Chambre de Madame

12세기의 두꺼운 벽으로 둘러싸인 이 큰 방은 중세 탑이 있는 성벽 안
에 위치해 있다. 옛 영주가 썼던 이 방은 중세 시대와 르네상스 시대에
새로운 건물들과 연결하기 위해 큰 문을 냈다. 17세기 말에 프랑스와

발타자르 왕의 향연   그랑 카비넷 전경   루이 14세의 초상

즈 마르그리뜨 세비녜(Françoise Marguerite de Sévigné:1646-1705, 세비녜 후작부인의 딸로 대단한 미모를 자랑했고, 발레에도 뛰어나서 루이 14세와 같이 발레를 할 정도였다) 백작 부인이 이 방을 쓰게 된다. 그녀는 수수하면서도 호화로운 천으로 치장을 하는데 그 당시에 빠리에서 유행하던 방식에 따른 것이다. 세심하게 조각된 벽난로와 그 위에 있는 그림 〈발타자르 왕의 향연 (Le Festin de Balthazar)〉도 눈여겨 볼 만하다.

그랑 카비넷 Grand Cabinet

14세기에 지은 방어 목적의 탑 안에 위치한 이 공간은 중세 말에는 영주의 숙소였다. 〈부인의 방〉과 붙어 있는데 17세기에 집무실로 개조되었다. 이 집무실은 독서와 쓰기 등 공부를 하는 장소로 쓰였다.
가운데 있는 사무용 책상, 서랍 달린 옷장 그리고 벽지는 로코코 양식을 띠고 있어 대단히 화려한 멋을 풍기고 있다.

왕의 방 Salle Du Roi

13세기에 만들어진 이 방은 영주가 공적 생활을 하는 공간으로 이 성

콘서트 장면

에서 가장 중요한 부분이다. 15세기에는 더욱 규모가 커져서 아드에마르(Adhémar) 가문의 문장이 새겨진 기념비적인 벽난로가 설치되었다. 18세기에 〈왕의 방〉이라고 명명된 것은 이 방에 루이 15세의 초상화가 걸리게 되었기 때문이었다. 프랑스 대혁명 때부터 방치되기 시작하여 점점 훼손되어 갔으며 벽난로는 부셔져 팔려 나갔다. 1918년에 보수되어 이 방은 호화로운 예전의 모습을 되찾게 되었고 마리 퐁텐느의 초상화가 걸려 있다. 그녀는 하늘색 드레스 위에 모피 숄을 두르고 의자에 살짝 기댄 모습으로 앞을 주시하고 있다.

한쪽에 놓여 있는 대형 장은 소나무, 호두나무, 흑단, 배나무, 호랑가시나무, 자단 그리고 상아를 써서 쪽매붙임 기법으로 17세기에 만든 것으로, 세상에서 좋은 재료들을 다 모아 세심하게 조각한 것이 지금 보아도 그저 놀라울 뿐이다.

화랑 Galerie

이 커다란 방에는 많은 초상화들이 걸려 있는데 그 중에서도 〈루이 14세(Louis XIV)〉의 초상화와 〈콘서트 장면(Scène de concert)〉이 특히 볼 만하다.

기도실

기도실 Oratoire

화려한 방들만 구경하다가 놓칠 수 있는 곳이다. 깊숙한 곳에는 나무를 조각하여 그림을 그리고 금 도금한 제단이 있고, 그 위 벽에는 죽은 그리스도를 보며 슬퍼하는 천사들을 그린 그림이 있다. 오른쪽 벽에는 무명의 화가가 그린 신비로운 여인이 네 개의 풍선을 들고 어딘가를 뚫어지게 바라보고 있다. 기도소를 마지막으로 성에서 나와 자유롭게 마을을 구경하면 된다.

조화롭지 못한 문

트리꼬 문 La porte du Tricot

13세기에 지은 요새화된 문으로 1600년에 종을 매달기 위해 높이를 올렸기 때문에 모양이 조화롭지는 않다.

18세기의 가마

구세주 수도원 교회 collégiale Saint Sauveur

1535년부터 프랑스와 1세의 최측근인 루이 아드에마르 드 몽테이유(Louis Adhémar de Monteuil)가 뚜르농(Tournon) 추기경의 조카와 결혼 후, 당시의 유행에 따라 고딕 양식으로 장례 교회를 짓기 시작했다. 그가 한 동안 로

수도원 교회 정면

수도원 교회의 내부

마 주재 대사로 임명되었기 때문에 공사가 순조롭게 진행되지 못한 것도 있지만, 그리냥 성 남서쪽 테라스 아래 위풍당당한 모습을 드러낸 것이 1544년 이었다.

그러다 종교 전쟁이 일어나 1568년에 위그노 교도들이 파사드 일부를 파괴했다. 종교 전쟁 때 심하게 부서진 제단을 1632년에 보수하면서 〈예수의 변모〉를 그린 유화로 장식했는데 우아한 코린트 양식의 네 개의 기둥과 과일 송이가 감싸고 있다. 예수의 왼쪽은 교황 바오로 3세이고 오른쪽은 이 교회의 참사회원이라고 한다.

세비녜(Sevigné) 후작부인의 유해는 제단 왼쪽 호화로운 대리석 밑에 묻혀 있고 무덤의 평석에는 "여기 1696년 4월18일에 죽은 마리 샹탈 후작 부인이 누워있다"라는 비문이 새겨 있다.

제단 왼쪽 벽에 있는 〈그리스도 십자가에서 내려짐(Déposition de Croix)〉은 나폴레옹 3세가 내려준 하사금으로 루이 깡디드 불랑제(Louis Candide Boulanger:1806-1867, 화가. 조각가. 석판공)가 그렸다.

세례반 오른쪽에는 〈환자를 돌보는 헝가리의 엘리자베스(Elisabeth de Hongrie soignant un blessé)〉가 걸려 있고 성모 샤뻴에 있는

성벽을 따라 둥근 길

CY GIT
MARIE DE RABUTIN
MARQUISE DE SÉV
DÉCÉDÉE LE 18 AU

세비녜 후작부인의 묘

예수의 변모

그리냥의 골목

세례반은 1687년에 만든 것으로 위에는 세례자 요한 상이 있고, 물의 성서적 상징을 나타내는 3개의 판과 루이 14세의 문장(紋章)이 새겨 있다. 그리고 제단 위에는 1571년에 〈레판토 해전을 관전하는 교황 비오 5세〉 그림이 있다. 장미창은 15세기 고딕식으로 장식되어 있다.

info

  Valence 남쪽 77km

  Orange 북쪽 43km

  Avignon 북쪽 77km

  Montélimar 동남쪽 25km

세비네 후작 부인 동상

치료하는 헝가리의 엘리자베스

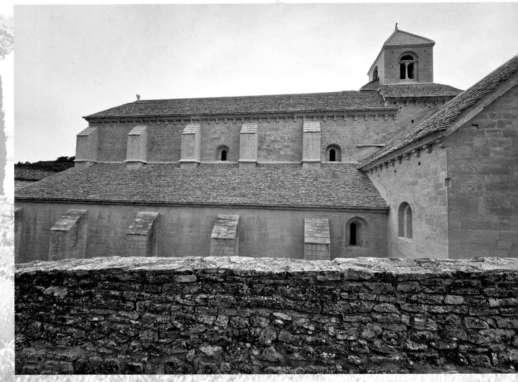

세낭크 수도원

라벤더 향기 감도는
세낭끄 수도원 Abbaye Notre Dame de Sénanque

세낭크 수도원과 라벤더 밭

900년 전에 시토(Cîteaux)의 수도원에서 새로운 영적 운동이 일어났는데 그것이 바로 시토 수도회의 기원이다.

베르나르(Bernard:1090-1153) 성인은 수도회의 새로운 규율을 만든 중요한 인물이다. 베네딕토(480-547) 성인이 만든 규율을 소박하고 더욱 엄격하게 준수하는 시토회 수도사들은 하얀색 수도복에 검은 스카풀라(앞치마처럼 길게 걸쳐 입는 옷)를 걸치고 기도와 일을 하면서 생활한다. 이 수도원들은 세낭크 수도원처럼 외딴 장소에 세워지는 게 보통이다. 이 공동체는 밤중부터 다음 날 저녁까지 매일 7번씩 의식을 행한다. 그들이 하는 일은 손으로 하는 농업인데 평수도사들의 도움을 받기도 한다.

① **의식** : 하루에 7번 기도하기 위해 교회에 모이는데, 이 기도의 목적은 신에게 영광을 드리고, 세상의 구원과 하루를 신성하게 변화시키기 위함이다.

만과(Vigiles)　　　 : 04시30분
찬과(Laudes)　　　 : 07시45분
아침기도(Tierce)　 : 09시00분
미사(Messe)　　　 : 11시45분
3시 기도(None)　　 : 14시30분
저녁기도(Vêpres)　 : 18시00분
만도(Complies)　　 : 20시15분

② **기도와 성경강독**(Lectio Divina) : 이 의식은 노래로 하는 기도(성경의 시편, 옛 찬가)와 독서이다. 렉티오 디비나(Lectio Divina)는 보여주는 게 아니고 명상 중에 말씀을 천천히 읽는 것이며 육체의 침묵으로 인도하는 기도이다. 신과 만남이 침묵 안에서 이루어지는 것이기 때문이다. 주님의 말씀을 알고 자신을 신에게 바치는 시간으로, 매일의 기도는 주의 말씀을 양식으로 삼는 것이다.

③ **노동** : "손으로 일해서 살아간다면 그들은 진정한 수도사이다."라는 베네딕토 성인의 말씀처럼 노동은 수도 생활에 없어서는 안 되는 부분으로 공동체를 위한 일용할 빵을 줄 뿐 아니라, 활동을 통해 신에게 영광을 돌리는 것이다. 세낭크의 수도사들이 하는 일은 두 분야로 농

업(라벤더, 꿀, 숲 조성)과 관광(관광객의 방문, 서적 판매, 건물 수리)이다. 물론 보통 가정집에서 하는 부엌일부터 세탁까지 원칙적으로 모든 수도사들은 여러 가지 일을 해서 경제적으로 자급자족하며 살고 있다.

수도원 역사

1148년 마장(Mazan)의 삐에르라는 수도원장이 10여 명의 수도사를 데리고 시토회 수도원을 세우기 위해 세낭크 계곡에 도착한다. 이 계곡은 그들이 원하는 완벽한 장소 즉, 나무가 우거지고, 고적하고, 건축용 돌과 석회 그리고 철광석이 많은 곳이었다. 좁은 계곡을 선택한 이유는 농사를 짓고, 오물을 처리하는데 물이 많이 필요하기 때문이다.

수도사들이 처음에 한 일은 둑을 쌓아 낮은 곳에 저수지를 만들어 농사에 필요한 물을 끌어다 쓰는 일이었다. 지금도 방문객들이 들어가는 입구 앞에 그 흔적이 남아 수조로 쓰이고 있다.

삐에르 수도원장은 아주 훌륭한 사람으로 세낭크는 성직자, 귀족 그리고 평신도들, 프로방스의 다른 시토회 수도원들과도 돈독한 관계를 유지했다.

그 시대에는 죽은 후에 자신을 수도원 교회에 묻어달라는 조건으로 엄청난 땅을 기부하는 사람도 있었고, 염전을 기부하는 사람도 있었는데, 소금은 고기 같은 중요한 식재료를 보관하는데도 필요하지만 수도원 건설 노동자에게 임금으로 주었으니 그 시대에 소금은 금과 같은 가치를 가지고 있었다. 이런 기부는 1세기 이상 지속되어 수도원 재산(즉 토지)이 아를르와 마르세이유까지 늘어나서 13세기 말에 수도원이 소유한 토지는 시토회의 초기 규율과 내핍생활과는 상당한 거리가 있었다.(5개의 숙박소, 종이 만드는 4개의 물레방아, 곡물창고 7개를 소유했다니...)

1926년 9월의 홍수

16세기에 종교 전쟁이 발발하자 위그노 교도들은 수도원 남쪽 부분, 부엌, 수도사 식당 그리고 정원의 우물을 부수고 부동산 권리증을 불태웠다. 거기다 수도사들을 학대하고, 그중 12명은 이웃 마을까지 끌고 다니다가 두 명은 목을 매달았다. 수도사들은 추방당하고, 몰래 돌아오고를 반복하다가 1926년에야 완전하게 정착하게 되는데, 엄청난 토네이도가 계곡을 집어 삼켜 수도원 정원에 1.6m까지 물이 찼다. 정원 남쪽 벽에 그때의 참상을 되새겨주는 표시가 남아 있는데 그 높이까지 물이 찼다면 수도원 전체가 반 정도는 잠겼을 것이니 그 피해가 상당했을 것은 분명하다.

1998년에 850주년을 맞이했고 신자들의 문화생활과 영적 생활의 번영을 꾀하면서 계곡을 지키고 있다. 안타까운 것은 이번에(2023년)가보니 수도사가 겨우 여섯 명에 견습 수도사 한 분이 수도원을 지키고 있었다. 2012년에 15명이었는데 그 사이에 무슨 큰(?) 일이 벌어졌던게 확실하니 참으로 마음이 쓸쓸해지고 수도원의 미래를 걱정하게 된다.

수도원 내부 구경 (오전 10시부터)

수도원 내부는 자유롭게 구경할 수 없고 가이드를 동반한 관광만 허용된다. 수도원 숙소에서 자는 사람은 무료 입장이다.

수도자 숙소

석공들의 싸인

수도사의 공동숙소 Le dortoir des moines

옛날에는 30여 명의 수도사들이 짚으로 만든 매트 위에서 옷을 입은 채로 잠을 잤다고 하는데, 숙소 길이는 30m, 벽의 두께가 1.3m, 궁륭형 천정, 두 개의 대들보가 높은 천정을 지지해주고 있다.

코니쉬(벽 꼭대기와 천정 밑)는 나무로 된 아치를 지지하고 있다. 장미창이 벽 서쪽에 뚫려있어 채광에 도움을 준다. 후대의 작업이 건물을 약하게 만들어서 천정에서 볼 수 있는 돌들을 덧대어 놓았고 벽에는 석공들이 자신의 이니셜을 새겨 놓은 걸 볼 수 있다. 수도원의 건물 구조는 수도사의 기도 생활과 밀접하게 관계가 되므로 숙소는 교회와 경내 정원으로 직접 내려갈 수 있게 지어졌다.

경내 정원 Le cloître

숙소 가운데 있는 계단으로 내려가면 기도와 명상과 독서의 장소이며 수도원의 심장인 정원에 이른다. (교회 문 옆 움푹 들어간 벽 안에 나무로 만든 책장이 두 개 있는데 성경과 종교 서적들이 정돈되어 있다.)

| 경내 정원 | 난방이 되는 휴게실 | 수도원 교회 |

정원은 4개의 회랑이 반원의 아케이드 12개로 되어있다. 기둥머리 역시 식물을 모티브로 해서 아주 소박하게 장식되어 있으며 남쪽 회랑에서 보면 로마네스크 양식의 종탑과 메마른 돌로 된 지붕이 보인다.

난방이 되는 휴게실 Le chauffoir

이 홀은 수도사들이 일하고 필사하기 위해 모이는 장소로 수사본을 베끼는 장소다. 이름으로 알 수 있듯이 수도원에서 유일하게 난방이 되는 곳으로 3개의 창문으로 빛이 들어온다.

기둥머리는 물결무늬와 백합꽃으로 장식되어 있고 아주 예쁜 원추 형 벽난로가 두 개 있다. 커다란 기둥머리를 갖추고 있는 낮은 천정과 세상의 중심을 상기시키는 네 마리 거북이로 장식된 입방체의 받침대도 주목할 만하다.

수도원 교회 L'église abbatiale

서쪽 측랑을 통해 교회로 갈 수 있다. 오른쪽에 내진이 있는데 3개의

교회 내부와 제단   참사회의실

창문을 통해 제단 쪽에 채광이 된다. 큰 후진과 로마네스크 양식의 소후진 두 개로 구성된다.

스테인드글라스 Les vitraux

1994년에 루이 르네 쁘티(Louis-René Petit)가 제작한 작품인데, 인물 묘사나 두드러진 색깔이 없이 아주 소박한 것은 시토회의 규율에 맞는 것이다. 수도사들과 작가가 오랜 기간 동안 심사 숙고한 결과물로 옛스러우면서 현대적인 기교, 엄격함과 자유로움이 어우러진 작품이다.

회중석 La nef

"교회는 땅 위에 세운 주님의 집이다."라고 성경에 쓰여 있듯이 수도사들과 주민들이 만날 수 있는 공간이기도 하다. 이 수도원 교회는 장식 없이 너무나 단순해서 오히려 자신에게 집중할 수 있는 장점이 있다.

벽에는 석공들이 자신을 표시해 놓은 자국이 많이 남아 있다.

| 샤뻴 | 샤뻴의 성모상 | 샤뻴의 감실 |

참사 회의실 La salle du chapitre

이 방은 아침마다 수도사들이 수도원장 주위에 모여서 베네딕토 성인의 계율을 듣는 곳일 뿐 아니라, 수도회에 관련된 중요한 결정도 하고, 착복식을 거행하고, 수도원의 재정상태를 보고하며, 서원식을 하거나 수도원장을 선출하는 곳이다. 수도원장은 절대 군주처럼 행동하는 것이 아니고 형제들의 조언을 받아 들이는 사람이었다. 수도사들은 계단식 좌석에 앉고 수도원장은 가운데 앉는데 북쪽 회랑에 조각되어 있는 악마의 얼굴을 보면서 마음을 다잡았다고 한다.

수도사들은 이 방에서만 유일하게 말하는 것이 허용되었고 수도사들이 죽어서 교회 묘지에 묻힐 때까지 잠시 쉬는 곳도 바로 여기 참사 회의실이다.

옛 수도사 식당 Ancien Réfectoire과 샤뻴

수도사 식당은 정원 서쪽에 있는데, 이런 배치는 시토 수도원에서는 아주 드문 일로 옆에 흘러가는 개울 때문에 18세기에 무너져 19세기에 다시 지은 것이다. 벽의 일부, 두 개의 창문 그리고 문의 테두리는 13

세기의 모습을 간직하고 있다. 중세 시대에 수도사들은 소박한 음식(채소와 빵)을 먹고 어쩌다가 계란이나 생선을 먹었다. 식사 중에도 수도사들은 침묵 속에서 독송을 듣는다. 오늘날 이 홀은 주중에 의식을 행하는 샤뻴로 쓰고 있다.

2012년 처음 갔을 때 있었던 황당한 일

남편과 나는 성수기 중에서도 극 성수기인 8월 주말에 2박을 메일로 예약하고 신나게 달려 무사히 수도원에 도착했다. 리셉션에 가니 아주 잘 생긴 수도사가 우리를 환영해 주었다. 기쁨은 거기까지 끝.

내가 메일로 예약했다고 자신있게 말을 했는데 확정이 안 되어서 예약이 안 되었다고 하는 것이었다. 처음에는 도무지 이해가 안 되는 상황이었다. 도대체 뭐가 잘못되어 이 땡볕에 우리를 이렇게 대접하나? 참 섭섭한 마음과 함께 걱정이 밀려왔다. 마침 그때가 주말이고 인근 마을(Gordes)은 인기가 많은 관광지라서 숙소를 구하기가 어려울 것 같아 식은 땀이 날 지경이었다.

수도사가 그려준 약도

한심하게 바라보던 수사님은 우리를 불쌍히 여겼는지 저 위 별장에서 묵을 수 있게 해준다는 고마운 말씀과 함께 약도를 그려 주시는데, 참으로 난감하고 자신이 없었지만 일단 약도를 들고 별장을 찾아 나섰다. 직진만 잘 하는 성질 급한 남편의 운전 습관 때문에 오른쪽으로 얼핏 보이는 별장을 놓쳐서 산을 한 바퀴 돌아 겨우 찾아갈 수 있었다. 산을 돈 이유는 거기가 일방 통행이라서 다른 방법이 없었던 것이다. 처음 발을 들였을 때의 느낌과는 달리 별장은 통풍이 잘 되어 여름같지 않게 서늘했고, 아무도 없는 넓은 공간을 자유롭게 이용하고 식사는 수도원까지 걸어 내려가서 해결했다.

종교에 관계없이 받아주는 분위기도 참 좋았고 숙소에 묵고 있는 사람들과도 잘 지냈다. 그때 2박만 해서 약간 섭섭했다 싶어서 2023년에는 3박을 예약하고 일행들도 좋아하겠지 생각했는데, 침묵을 지키는 일이 쉽지 않다는 것을 뼈저리게 느낀 여행이었다. 식사 중에도 완전한 침묵을 지켜야 되니 음식이 맛이 있는지 없는지도 모르겠고, 경내에서는 조그만 소리로 얘기를 해도 크게 들리고, 복도를 까치발로 걸어도 어찌나 마루 바닥이 울리는지….

식사가 끝나면 누구나 부엌에 들어가 설거지를 하거나, 그릇의 물기를 닦거나, 다음 식사를 위한 식탁을 셋팅해야 된다. 설거지 할 때도 집에서 하던 식으로 물을 틀어놓고 했다가 눈총을 받은 적이 한 두 번이 아니었다.

수도원 개수대

수도원의 개수대는 거의 다 두 개로 되어 있어서, 왼쪽 것에는 세재를 풀고, 오른쪽 것에는 깨끗한 물을 받는다(나중에는 뿌연 물이 되지만 절대로 물을 새로 갈지는 않는다). 한 사람이 왼쪽에서 씻은 그릇을 넘겨주면 또 한 사람은 헹궈서 채반에 놓는다. 그러면 그것을 닦아서 한쪽에 놓는 사람이 또 있고, 또 다른 사람은 그것을 가져다가 그릇장에 정리한다. 그릇을 씻을 때는 반드시 유리 그릇부터 씻으라고 벽에 써 붙여놨다(하긴 그렇게 해야 유리 그릇이 안전하니까).

차를 따라 주시는 수사님 다리가 불편한 사람을 부축하는 수사님(작은 사진)

　수도원 숙박이 쉽지만은 않지만 그래도 한 번 정도는 특별한 경험이라고 생각하고 모험을 해 보는 것도 나쁘지만은 않다. 여기 말고도 수도원에 숙박 시설은 여러 곳에 있지만 여기처럼 수도사가 있는 곳도 매우 드물기 때문에 마음에 위로가 필요한 분들은 혼자 가서 숙박까지 해 보시길 권한다.

info

　　Gordes 북쪽 10km

　　Avignon 동쪽 45km

　　Cavaillon 동쪽 28km

　　Apt 북서쪽 26km

　　Aix-en-Provence 북서쪽 87km

고르드 <u>Gordes</u> 마을과 보리 <u>Borie</u> 마을

뷰 포인트에서 본 고르드

고르드는 370m 고지 위에 자리잡고 있는 가장 아름다운 마을로 1670여 명이 살고 있으며 인근에 세낭끄 수도원이 있어서인지 관광객이 대단히 많은 동네다. 중세 마을이 다 그렇듯이 경사진 골목들, 자갈이 깔린 좁은 길들이 아름답다.

솔직히 고르드가 아름다운 마을이라고 해서 관광객이 넘쳐나고 주차하기도 어려운 동네인데, 속으로 들어가 보면 그렇게 사람이 많이 모일

돼지우리

양우리

사람이 사는 집

이유가 딱히 없어 보이는 마을이란 것이 나의 개인적인 생각이다. 마을에 들어가기 전에 있는 view point 에서 바라보는 정경이 가장 아름답다는 것도 나의 생각이다. 그러나 3km 떨어져 있는 보리 마을은 정말 신기하고 특별하므로 꼭 방문해 보길 권한다.

보리 마을 Village des Bories(입장료 8유로)

고르드에서 서쪽으로 3km 떨어진 곳에 있는 마을로 17세기부터 짓기 시작하여 18세기에 많이 지은 결과 지금은 고르드 지방에 400개가 넘는 보리가 남아 있다. 보리는 이 지방에서 많이 나는 메마른 돌로 지은 오두막을 말하는데, 농부들이 필요에 의해 지은 임시 거처라고 보면 된다.

18세기에 인구가 폭발적으로 늘어나면서 농부들은 새로운 경작지를 개간할 필요가 생겼다. 토지를 개간해도 좋다는 왕의 칙령으로 야산을 개간하는데 거기에서 많은 돌을 골라내게 되었다. 거기서 나온 돌로 몰타르나 접착제도 쓰지 않고 아름다운 천정을 가진 집을 지었는데 이 기술은 이미 신석기부터 내려오는 농부들의 집 짓는 기술이었다. 보리 주변에서 농부들은 올리브, 포도, 곡식을 경작하고, 가축을 기르고 누에도 쳤다. 그러니까 보리는 목동들의 피난처, 곡식 창고, 농기구 보관소 그리고 농부들의 임시 거처로도 쓰였던 것이다.

와인 저장소 | 화덕 | 나무 여물통

엄청난 규모와 기술

이 보리마을은 19세기 중엽에 버려졌다가 1960년대에 8년에 걸쳐 보수한 결과 지금은 옛 모습을 잘 보여주는 아주 특별한 장소가 되었다.

〈세 군인들(Le Trois soldats)〉이라는 이름이 붙은 보리는 오두막 집 한 채와 비둘기집 두 채를 부르는 명칭으로 1870년 경에 만들어졌다고 하는데 지금은 사유재산이기 때문에 방문은 불가능하다.

info

Abbaye Notre Dame de Sénanque 10km

세 군인

▲ 2012년 만나기 힘든 양떼들
▼ 바실리크의 석양

알프스의 성모성지
라 쌀레뜨 <u>La Salette</u>

바실리크

라 쌀레뜨는 알프스 1,800m 고지에 있는 우리에겐 잘 알려지지 않은 성지다. 하지만 루르드 다음으로 순례객이 많이 오는 성모 성지이고 주변의 자연 환경이 워낙 좋아서 산을 좋아하거나 세속을 잊고 이 장소의 평화를 음미하고 싶거나, 잠시나마 영혼의 휴식을 원하는 사람들에게 안성 맞춤인 곳이다.

바실리크는 한마디로 대자연 속에 파묻혀 있다고 할 수 있는데, 여길

잘 조성된 십자가 동산   제 갈길을 가는 사람들

봐도 저길 봐도 온통 산이다. 나무가 빽빽한 산, 돌이 허물어져 내려 위험해 보이는 산, 희끗희끗 눈이 쌓여 있는 산, 온통 꽃으로 덮혀 있는 산, 파란 풀로 덮혀 양을 치고 싶은 산 등등 시시각각 변하는 산을 바라보는 것 만으로도 휴식이 되는 곳이다.

바실리크 주변에서 가장 특별한 곳은 숙소 앞에 마련된 "십자가의 길"이 아닐까 싶다. 푸른 언덕 위에 십자가가 서 있고, 언덕의 언저리에는 14처가 조성되어 있어서 노약자도 힘들지 않고 산책 삼아 한 바퀴 돌면서 사색할 수 있게 해 놓은 곳이다. 한 바퀴 돌면서 아래 동네를 내려다 볼 수도 있고, 성당까지 들어왔던 구불구불한 길도 감상할 수 있다.

바실리크 마당에서 내려 와 우물을 지나서 언덕을 조금 올라가면 공동묘지와 샤뻴이 있는데, 이 샤뻴이 이곳에서 가장 먼저 생겼다고 한다.

이 성지가 생겨난 유래

1846년 9월 19일 한 소년과 한 여자 목동이 네 마리 암소를 몰면서 쌀레뜨 마을을 감싸고 있는 황량한 고산지대 목장으로 올라가다가 아름다운 부인을 만나게 된다. 그녀는 슬피 울면서 그들과 대화를 하고 가파른 언덕을 올라간 후 빛 속으로 사라져 갔다.

그날 저녁 아이들이 존경하는 선생님에게 그 이야기를 하자 다음 날부터 소문이 널리 퍼지기 시작한다. 11살 먹은 소년은 막시맹 지로(Maximin Giraud)라고 하는데 아픈 목동을 대신해서 일주일간 일을 하던 중이었고, 15살이 되려고 하는 멜라니 칼바(Mélanie Calvat)는 다섯 살부터 인근 농장에서 일을 하는 말없고 소심한 소녀였다.

그 둘은 어른들이 묻는 질문에 대해 정확하고 단순하게 답했고, 둘의 증언은 일치했다. 조사원이나 기자들은 중상모략으로 방해하면서 그 아이들이 본 것은 환상이나 착각에 불과하다고 매도했다. 그런가 하면 성직자들은 〈이 좋은 소식〉이 곧 잦아들기만을 바라고 있었다. 명확하고 엄격한 질문으로 5년간 검증한 끝에 교회는 〈아름다운 부인(La Belle Dame)〉이 예수의 어머니 마리아라는걸 인정하게 된다.

막시맹 지로

막시맹 지로

그는 1835년 8월 26일 아랫 마을인 꼬르(Corps)에서 태어났는데, 겨우 17개월 되었을 때 엄마가 죽고 만다. 재혼한 아버지는 목공소나 술집에서 살았기 때문에 막시맹은 집에 가기 싫어서 골목을 어슬렁거리거나 염소, 개와 함께 골목을 뛰어 다녔다. 부스스한 검은 머리의 장난꾸러기 막시맹은 귀부인이 나타나

멜라니에게 말을 할 때도 지팡이에 모자를 올려 돌리는가 하면 부인의 발치에 조약돌을 던지며 놀았던 철부지였다.

울고있는 성모

성모 발현 후 3년 안에 계모, 아버지 그리고 이복 동생까지 모두 잃은 그의 젊은 시절은 너무 고달팠다. 사업을 해도 이용만 당하고 고향에 돌아와 성지 신부들의 도움을 받으며 근근히 살다가 40세에 생을 마쳤다. 그의 시신은 고향 공동묘지에 묻혔으나, 그의 심장은 그의 바람대로 바실리크 오르간 연주대 가까이에 보관되고 있다.

"나는 어떤 대가를 치르더라도 라 쌀레뜨에 성모가 발현한 것을 강하게 믿습니다. 말로써, 책으로, 고통으로 방어한 발현을 나는 내 심장을 라 쌀레뜨의 성모님께 드립니다"

멜라니 칼바 Mélanie Calvat

멜라니 칼바

멜라니는 1831년 11월 7일 꼬르에서 대가족의 4째로 태어났다. 그 당시에는 모두가 가난했기 때문에 멜라니는 인근 농부 집에서 암소를 돌보게 된다. 그녀는 소심하고 매사에 조심하는 성격으로 그 지방 사투리만 알았지 표준 프랑스 말은 한마디도 모르는 상태였다. 학교도 안 다녔고 교리문답도 배우지 못해서, 읽고 쓰는 것을 몰랐기 때문에 감정을 드러내지 않는 성격이 자연스럽게 형성된 것으로 보인다. 그녀는 주인이 묻는 말에는 "네, 아니오"라고만 답했지만 라 쌀레뜨의 발현에 대한 질문에는 명확하고 단순하게 답했다고 한다.

성모 발현 후 그녀는 4년간 수녀원에 머물다 수련 수녀가 된다. 영국에도 가고 마르세이유에도 가고 그리스에도 갔다가 다시 마르세이유로 돌아와 〈동정 수녀원〉에 들어간다. 잠시 고향 꼬르에 머물다가 이탈리아에 머무르며 책을 쓰지만 바티칸에서 출간을 방해했다고 한다.

1904년 12월 14일 이탈리아의 바리에서 사망했는데, 그녀의 힘든 삶 속에서도 마리아의 발현에 대한 경건하고 충실한 믿음은 변함이 없었다고 한다.

아름다운 부인 La Belle Dame

두 목동에게 나타난 부인은 키가 크고 빛 속에 쌓여 있었는데 이 지역 부인들처럼 입고 있었다. 긴 드레스에 딱 맞는 앞치마, 어깨에 두른 삼각 숄, 농부가 쓰는 챙 없는 헝겊 모자, 장미꽃이 머리와 구두를 장식하고 이마에는 광채가 왕관처럼 빛나고 있었으며 어깨에는 무거운 사슬이 누르고 있었다. 목에 걸린 섬세한 사슬에는 십자가에 매달린 예수, 그리고 왼쪽에는 망치, 오른쪽에는 집게가 달려 있었다.

두 목동에게 발현한 성모

그 부인이 산 위에서 그들에게 한 말

　성직자든, 신문기자든, 저명인사든, 단순히 호기심 많은 사람이건, 질문자가 누구든 간에 두 목동이 하는 대답은 똑같았다.

　"그녀는 우리에게 말하면서 계속 울었어요."

　함께 또 따로 물어봐도 두 아이는 똑같은 대답을 했다.

　"두려워 말고 가까이 오너라. 나는 너희에게 중요한 소식을 전해주기 위해 여기 왔단다. 만일 나의 백성이 순명하지 않으면, 나는 내 아들의 손을 더는 붙들고 있을 수 없을거야. 하느님은 인간에게 6일만 일하도록 하시고 주일은 당신을 위해 쓰라고 하셨지. 그런데도 너희들은 주일을 하느님께 바치지 않으니 나의 아들의 팔을 그토록 누르는 것이고, 그의 이름을 욕되게 하는 거야. 사제들은 세속적인 삶, 믿음 없는 미사 봉헌, 금전욕, 명예욕, 환락에 대한 애착으로 파멸의 길을 가고 있어. 그러니 하느님은 무지막지한 방법으로 벌하실 것이고 많은 사람이 신앙을 포기하게 되겠지. 사랑 대신 살인, 증오, 시기, 거짓말, 불화가 팽배하니 교회는 빛을 잃고 세상은 대혼란에 빠지게 될거야." 그리고 그녀는 감자 기근을 예언했는데, 그녀의 말대로 1845년에 기근으로 백 만명 이상이 굶어 죽었다.

　5년이 지난 1851년 9월 19일 사건의 증거들, 메시지 내용에 대한 긴 종교적 조사가 끝난 후 그르노블의 주교 브뤼야르(Bruillard)는 교서에서 다음과 같은 판결을 하게 된다. "라 쌀레뜨 산 위에서 두 목동에게 마리아가 발현한 것은 모두 사실이니 신자들은 의심의 여지없이 믿어야 합니다"

　1862년 1월 18일 교황 비오 9세는 마리아의 발현을 공식 인정하고, 후계자인 레오 13세는 산 위에 대성당을 건립하니 지금의 성지가 조성되었다.

그들이 나눈 더 많은 대화들

"올해에는 감자는 없을거야. 얘들아 너희는 이해를 못 하는구나. 내가 쉽게 말해주마. 만일 너희가 밀이 있다 해도 그걸 파종하면 안돼. 너희가 심은 것은 짐승들이 다 먹어치울 것이고, 추수할 때는 모든 게 먼지가 되고 엄청난 기근이 닥칠거야. 기근이 오기 전에 7살 이상의 아이들은 땅이 갈라지며 어른들 손을 놓쳐 죽게 되겠지. 호두는 속이 텅 비고 포도는 썩게 되겠지.(실제로 1846년 크리스마스 무렵에 꼬르에 감자가 한 개도 없고, 유럽 전역에 식량이 없어서 경제, 산업, 문화, 정치적으로 몹시 힘든 상황이 되었는데 호두나무, 포도나무와 밀에 병이 발생하니 그 첫 희생자는 어린애들이었다.) 만일 사람들이 신께 귀의하면, 돌과 바위들이 밀더미로 변하고 감자도 싹을 티울거야. 얘들아, 기도는 드리겠지?"

〈거의 안해요, 부인〉

"아! 얘들아 아침 저녁으로 기도해야 해. '우리 아버지 찬양합니다'라고만 해도 되거든. 여름에는 나이든 여자들만 미사에 가고, 다른 사람들은 여름 내내 일요일에도 일을 하고, 겨울에는 무얼 할지 모를 때만 종교를 비웃기 위해 미사에 가고, 사순절에는 개들 마냥 푸줏간을 기웃거리지. 얘들아, 너희는 상한 밀을 본적이 없니?"

〈네, 본적이 없어요, 부인〉

"얘야, 막시맹, 네 아빠랑 본 적이 있잖니. 논 주인이 네 아빠에게 가서 상한 밀을 보라고 했잖아. 너희는 이삭을 두 세개 뽑아 손으로 비비자 먼지가 되어 떨어졌지. 꼬르에서 네 아빠는 빵 한 조각을 주면서 '자 아들아, 올해는 아직 빵을 먹지만 내년에 밀 농사가 지금 같으면 빵을 먹을 수 없을거야'라고 했잖아"

〈아! 네 부인, 이제 생각이 나요. 조금 전에는 생각이 나지 않았는데...〉

고딕 양식의 바실리크

가운데 문 위의 상인방에는 오른손을 들어 강복하는 예수 주위에 복음사가가 조각되어 있고 왼쪽과 오른쪽 문 위의 상인방에는 성모 발현 장면을 조각해 놓았다. 대성당은 회중석이 넷으로 구분되어 있고 양쪽에 회랑이 조성되어 있다. "십자가의 길"은 아주 현대적인 감각으로 설치해 놓았고, 스테인드글라스 또한 성경 내용을 알기 쉽고 아름답게 표현해 놓았다.

제대 장식 병풍 맨 위에는 성모 마리아가 서 있고, 십자가 아래에는 알파와 오메가 그리고 양이 새겨져 있다. 오른쪽에는 유리벽 안에 돌맹이가 들어가 있는데 성모 발현 당시 마리아가 앉아 있었던 돌이라고 한다. 제대 오른쪽에는 성모 발현을 공식적으로 인정했던 그르노블의 주교 브뤼야르(Philibert de Bruillard:1765-1860) 주교의 무덤이 있다. 제단 앞면에는 예수의 수난과 불멸함을 상징하는 밀과 집게 그리고 망치, 알파와 오메가가 새겨져 있다.

갤러리

호텔 리셉션에서 두 층을 올라오면 와이파이가 터지는 갤러리가 있다. 2012년에 왔을 때는 프랑스의 성모 발현장소를 일목요연하게 정리하여 전시를 해놓았기 때문에 많은 참고가 되었었는데, 이번에는(2023년) 성지의 변천사를 사진으로 전시해놓았다. 그 중에 "노새타고 살레프에"와 1904년에 리옹에서 만든 자동차를 타고 처음으로 살레프에 올라온 가족사진 등은 매우 흥미로웠다.

스테인드글라스(묵주기도에 대한 교서를 들고있는 레옹13세)

막시맹 지로의 심장

ICI REPOSENT
CONFORMEMENT A LEURS DERNIERES
VOLONTES
LE CŒUR DE MAXIMIN GIRAUD
BERGER DE LA SALETTE
DECEDE A CORPS LE I MARS 1875

ET LE CŒUR DE SON AMI

LE COMTE NARCISSE DE PENALVER

INSIGNE BIENFAITEUR DU PELERINAGE
DONATEUR DES GROUPES DE L'APPARITION
DECEDE A BARCELONE LE XX JANVIER 1881
QUOMODO IN VITA SUA DILEXERUNT SE
ITA ET IN MORTE NON SUNT SEPARATI

제단

성모 발현을 최초로 인정한 브루이아르 주교의 무덤

243

신식 자동차를 타고 순례온 가족

노새타고 순례길에 나선 멋진 부부

만남의 샤뻴 정문과 주춧돌

만남의 샤뻴 제단

아르스의 비안네 신부상

삐에르 줄리앙 에이마르성인 샤뻴 내부

만남의 샤뻴 La chapelle de la Rencontre

1994년에 지은 샤뻴로 하루 종일 수녀 한 명이 자리를 지키고 있는 곳이다. 주께서 집을 세우지 아니하시면 집 짓는 자들의 수고가 헛되도다(Si le Seigneur ne bâtit la maison en vain les maçons, 시편 126)라고 쓰여진 초석이 있고, 회중석 뒤쪽에는 2018년 9월 19일 성모 발현 172주년 기념으로 〈아르스(Ars)의 비안네(Viannay)성인상〉, 〈울고있는 마리아 상〉, 〈아이들에게 발현한 성모〉상이 있다.

성 줄리앙 에이마르 샤뻴 Chapelle ST Pierre Julien Eymard

표지판을 보고 내려간 지하에서 만난 샤뻴인데 나는 이때까지 에이마르라는 성인의 이름을 들어본 적이 없었다. 그런데 기도소의 문을 연 순간 기도하는 사람들의 간절한 모습을 보고 너무 민망하고 부끄러워서 얼른 문을 닫았다.

한참을 기다린 후 사람들이 하나 둘 조용히 나가고 나서 다시 들어갔을 때 제단의 모양을 보고 또 한번 놀랐다. 고목 속에서 불이 활활 타오르는 형상은 처음에는 약간 충격적이었다는 표현이 맞을 것 같다. 그 뒤 벽에는 예수가 십자가에 못 박힌 형상을 거친 모자이크로 재현해 놓았다. 사람들이 마루 바닥에 길게 엎드려 기도하는 모습은 성지에서는 자주 볼 수 있는데, 볼 때마다 그들의 간절함이 저 위에까지 전해지기를 나도 마음 속으로 기도하곤 한다. 도대체 에이마르 성인은 누구길래 이렇게 추앙을 받을까 궁금했는데 샤뻴 밖에 그 분에 대한 정보가 붙어 있어서 여기에 간단하게 소개해 본다.

성찬 중인 삐에르 줄리앙 에이마르

삐에르 줄리앙 에이마르(1811-1868)

에이마르는 이제르(Isère)지방의 라 뮈르(La Mure)라는 마을에서 가난하지만 부지런한 카톨릭 집안의 아들로 태어났다. 12살에 이미 종교적인 생활에 관심을 갖기 시작해 마르세이유에서 신학을 공부한 후 23살에 그르노블 교구 소속 신부가 된다.

그는 〈성체성사의 전도사〉로 알려져 있다. 그는 우리 모두가 그리스도의 현존을 만나게 하기 위해 수 많은 선교활동, 설교 그리고 피정을 맡아서 했을 뿐 아니라 〈마리아 회〉, 〈성체 성사회〉, 〈젊은 노동자를 위한 단체〉등에서 몸이 부셔지도록 일을 한다. 하지만 시대가 급변하고 재정적인 어려움 때문에 그는 먹고 살기도 힘들어서 이웃에 있는 수녀원의 지원을 받아 겨우 겨우 연명할 정도로 힘들게 생활을 꾸려간다.

그는 1823년 3월 16일에 성모 발현지인 르 로의 성모(Notre Dame du Laus) 성지에 걸어서 갔고, 여기 노트르담 드 라 살레트(Notre Dame de la Salette)에 대해서도 깊이 공부하는 등 프랑스 전역에 있는 성모 발현지를 여행하기 좋아했다. 그는 건강이 나빠서 고통을 받았는데 특히 폐가 나빴고 두통이 몹시 심했다.

에이마르 성인

그가 어떤 교회에 신부로 부임했을 때 교회는 무너져가고 미사에 참여하는 신자는 거의 없는 아주 가난한 곳이었다. 한 동안 상주하는 신부도 없었던 교회였는데, 그가 부임하자 주교는 에이마르의 두 누이들도 함께 사제관에 살기를 권해서 누이들은 사제관을 꾸미고 같이 살았다. 에이마르가 그 동네에 활기를 가져다 준 것으로 알려져 있긴 하지만, 그는 교구가 하는 일에 몹시 불만을 가졌기 때문에 〈마리아 회〉에 다시 들어가기로 결정한다.

1868년 7월 21일 저녁, 너무나 쇠약해져 음식도 제대로 넘길 수 없었던 에이마르는 의사의 단호한 명령 때문에 쉬려고 고향으로 돌아온다. 그 동안 쌓인 피로로 인해 기진맥진한 그는 8월 1일 뇌혈관 출혈로 사망하니 그의 나이 57세였다. 그의 시신은 빠리 16구의 영성체 교회 안에 있는 〈그리스도의 몸(Corpus Christi)〉 샤뻴에 묻혔고 1962년에 시성되었다.

기도실 Oratoire

갤러리에서 지하로 내려가면 나오는 기도소인데 표지판이 있으므로 따라가면 된다. 벽에 걸려 있는 나무로 깎은 조각상들을 눈여겨 보자.

기도실 내부

기적의 우물가에서 열심히 설명듣는 사람들   물을 떠가려고 기다리는 사람들

샘 Eau de la Salette

　이 샘물은 1846년 성모가 발현한 이후 〈울고 있는 성모님〉 발치를 지나서 흘러 나온 이후 한 번도 마른 적이 없는 물이다. 이 물을 마시고 많은 사람들이 병을 치료했고 회심했다는 증거가 많다고 한다. 지금도 커다란 약수통에 물을 가득 받아가는 광경을 자주 볼 수 있다.

가르가스 산 Le Gargas

산 정상에 있는 방향판과 산 정상에 오르는 가족

　가르가스 산은 해발 2,207m나 되고 산 등성이를 따라 길이 구불구불 나 있기 때문에 표지판에 써있는 2.4km보다 훨씬 멀게 느껴지는 산이다. 서두르지 않고 지천으로 피어 있는 야생화를 보며 천천히 두 시간 정도 걸려 정상에 도착하면 십자가와 방향판이 우리를 반겨준다. 주변 산들의 웅장함은 말할 것도 없고 빙글빙글

한필남·한계전 부부의 중세 수도원을 가다 두 번째 이야기
수도원 가는 길

지천으로 피어있는 야생화들   가르가스 산에 오르는 사람들   가르가스 정상에 있는 십자가

돌아가는 구름을 쳐다보면 현기증으로 쓰러질 수도 있으니 아주 조심해야 되는 곳이지만 산 꼭대기에서 아래를 내려다보는 광경은 흘린 땀을 충분히 보상받고도 남는다.

필로메나 성녀 Sainte Philomène

바실리크에서 내려와서 샘이 있고 조금 떨어진 곳에 필로메나 성녀의 동상이 서 있다.

1802년에 로마에 있는 한 카타콤베에서 순교자들 무덤을 찾다가 한 분묘를 발견한다. 그 다음 날 열어보니 구운 세 개의 타일이 묘 앞에 놓여 있고 빨간색으로 새겨진 비문 〈필로메나, 평화가 당신과 함께(LUMENA PAX TE CUM FI=PAX TECUM FILUMENA)〉이 있었다. 게다가 빨간색으로 여러 상징이 그려져 있었는데 그것은 닻, 종려나무, 두 개의 화살, 창 그리고 백합이었다. 그리고 관 뚜껑을 열자 사람의 유골과 말라빠진 피가 들어있는 유리병이 있었는데 의사들은 12살에서 15살된 소녀의 것이라고 확인했다.

디오클레티아누스(Dioclétien:244-312) 황제가 그녀를 원했으나 거절하자 우선 채찍으로 때리고 닻에 매달아 티베르 강에 던져버렸다. 천사들이 그녀를 구해 줬으나 다시 잡혀 화살로 상처를 냈는데도 살아 남

필로메나 성녀

는다. 그러나 결국 그녀는 목이 잘려 죽는다. 1827년 교황 레옹 12세 (Pape Leo XII:1760-1829)가 필로메나의 유해라고 발표했고, 그녀는 뱃사공의 수호자로 불린다.

순례지 중의 순례지

이 성지를 짓다가
죽은 이들을 위한 무덤

이 높고 조용한 곳에 1852년부터 바실리크가 올라가기 시작한다. 공사 중에 많은 희생자가 발생해서 그들을 위한 추념비가 세워져 있다. 전 유럽에서 많은 순례객이 몰려오자 여러 종류의 숙박시설도 갖추어 천명 정도를 수용할 수 있게 되었다.

순례자 중에는 돈 보스코(Don Bosco:1815-1888), 아르스의 주임신부 즉 마리 비안네(Jean Marie Vianney:1786-1859), 성녀 소피 바라(Sainte Sophie Barat:1779-1865), 르 프레

보스트(Monsieur Le Prevost:1803~1874), 폴 끌로델(Paul Claudel:1868~1955. 까미유 끌로델의 동생으로 시인. 외교관. 드라마 작가), 프랑스와 모리악(François Mauriac:1885~1970)등이 있다.

2012년의 에피소드

2012년 여름에 남편과 이 성지에 처음 갔을 때 네비가 가라는 데로 가다 보니 남의 집 마당에도 들어가고, 논길 밭길을 헤매다가 겨우 제 길을 찾았나 싶었는데, 사람이 살 것 같지 않은 산 속으로 한참을 가다 보니 저 멀리 회색 건물이 보이는데 처음에는(시력이 시원찮은지라) 시멘트 공장인가 했지만 가까이 갈수록 바실리크의 모습이 선명해졌다.

리셉션에서 방을 배정받고 보니 우리 방의 전망이 너무 좋아서 바로 눈 앞에 십자가가 서 있는 동산이 보였고, 동산을 오르락 내리락하는 사람들을 구경하는 것도 심심하지 않아 좋았다.

오후 4시가 넘으니 하늘이 갑자기 캄캄해지더니 비가 퍼붓기 시작했다. 산중이라 날씨가 아주 변덕스러워서 언제 비가 왔었나 싶게 다시 하늘이 높아지고, 산등성이를 따라서 일정한 간격을 유지하며 대형 관광버스가 폴란드 국기를 달고 달려오는데 그 광경을 감탄하면서 바라보다가, 그들이 방 배정받는 것까지 지켜보았다. 버스 한 대에 40명씩 탔다고 하면 240명, 그 규모가 참으로 대단하지 않은가? 더 놀라운 것은 방을 배정받은 후 방에다 가방만 던져놓고 손에 초를 들고 우루루 바실리크로 달려가는 것이었다.

우리는 할 일 없이 로비에 앉아 있는데(사실은 와이파이가 로비에서만 터졌기 때문에) 한 남자가 자꾸 나를 쳐다보다가 미소까지 보내는 것이었다. 나는 순간 당황해서 얼굴이 화끈거리고 민망해지기 시작했다. 그런데 심지어 내 쪽으로 다가오는 것이었다. "아니 다시 오신 거예요?" 아니 이게 무슨 일인지. 신부님 복장만 아니었다면 큰 오해를 할 만한 상황이었다.

〈네?〉

동양인의 비슷비슷한 얼굴 모습 때문에 생긴 에피소드라고 해야겠는데, 그 신부가 리옹에 사는 한국 부인들을 데리고 가르가스 산에 올라가 미사를 드리고 그녀들과 작별인사를 한 후 그녀들은 집으로 돌아갔다. 그런데 그 중 한 명(즉 나?)이 다시 온 줄 알고 아는 척을 했다는 것이다.

외국인 눈에는 그 얼굴이 그 얼굴로 보였겠지. 나는 그 신부가 인도 사람이라고 해서 솔직히 좀 놀랐다. 힌두교도만 많은 줄 알았는데 천주교 신자도 많고 신부도 많단다. 겨울에는 살레뜨에 눈이 많이 와서 성지가 폐쇄되면 집(인도)에 간다고 했다. 자신은 라운지에 있는 고해소에 앉아서 고해 성사도 해 주고 또 어떤 단체가 미사를 부탁하면 집전해주며 성지를 지키는데 도움을 주는 신부라고 했다.

이 성지의 분위기, 봐도 봐도 또 보고 싶으니 다시 꼭 와야지 했는데 그 꿈이 2023년에 이루어져 이번에는 용감한 여자들 넷(평균 연령 70살)이 3박을 예약하고 산을 돌고 돌아 성지에 도착한 후 체크인도 잘 마쳤으나 이번에는 날씨가 우리를 외면하는지 계속 비가 왔다 안개가 잔뜩 꼈다를 반복해서 기분이 우울해지는 것이었다. 기온도 몹시 낮아서 방에 히터를 켜고서도 새우처럼 구부리고 잠을 잘 정도였다(6월에).

사실 여분의 담요가 있었지만 내려서 덮는 것이 귀찮아서 쪼그리고 자는 것을 택했다. 다음 날도 새벽부터 창밖만 쳐다봤다. 동산 위에 있는 십자가가 보였다가 안개 속에 묻혔다가를 반복. 우연히 만난 신부님께 유월 날씨가 보통 이렇습니까 물으니 아주 예외적이라는 답을 주셨다. 보통은 머리가 벗어질 만큼 덥다고. 여행하기에는 차라리 더운 것이 나은거 같다.

야생화가 피어 있는 가르가스

　다행히 셋째 날 날씨가 화창해져서 또 다시 2,207m 가르가스 산에
올라가 보니 웅장한 주변 산들은 물론이고 저 아래로 바실리크와 옆 동
네에 있는 호수까지가 발 아래 펼쳐져 있다.

info

　　Lyon 동남쪽 180km

　　Grenoble 남쪽 80km

　　Corps 북동쪽 14km

　　La Mure 동남쪽 38km

안개에 덮인 바실리크

하늘에서 본 수도원 전경

알자스의 보호자
몽 쌩뜨 오딜르 Le Mont Sainte Odile

2013년 여름에 남편과 나는 이 수도원을 당일로 다녀왔다. 정보도 별로 없이 전날 묵었던 수도원에서 식사 중에 얻어듣고 갔는데, 전설을 많이 간직한 채 우거진 숲속 붉은 사암 위에 붉은 벽돌 건물이 매력적인 곳이었다. 우리는 여기 저기 구경만 하고 휙 떠나는게 퍽 아쉬웠는데 2023년에는 이곳 호텔에 숙소를 정하고 여유롭게 시간을 보내게 되었다.

주위에 민가는 전혀 없고 오트로트(Ottrott)에서부터 성지로 가는 표지

이교도의 담장   순례자의 뒷모습

판이 자주 나오기 때문에 찾아가기는 어렵지 않다. 3억 년 전에 솟아올랐다는 붉은 바위(해발 760m 고지) 위에 지어진 이 수도원은 세상과 멀리 떨어진 채 알자스 평원을 굽어보며 많은 순례객과 예술가들을 매혹하고 있어서 연중 방문객이 끊이질 않는 곳이다.

　주변에 있는 〈이교도의 담장(Le Mur païen)〉은 선사시대의 유적지로 길이 11km, 넓이 1.6~1.8m, 높이 3~5m로 알자스 이북에서는 유일한 것이다. 연구 결과 이 유물은 정치, 종교 또는 방어의 목적으로 쌓은 수수께끼같은 유적으로 커다란 사암으로 쌓았는데, 7~8세기 켈트족이나 로마인들이 방어 진지와 전략적 요충지로 쌓았다는 설도 있고, 어떤 과학자들은 예수 이전 10세기의 담장이라고도 한다. 동물을 가두기 위한 것이었을까 아니면 침입자들로부터 방어하기 위한 요새였을까 등등 여전히 낯선 분위기를 풍기는 신비스런 곳이다. 수도원에서 멀지 않은 곳에 있어서 쉬엄쉬엄 20분 정도 가면 볼 수 있다. 가다가 산악 자전거를 타는 사람들을 많이 만났으니 산악인들에게도 좋은 코스인 것 같다.

수도원의 역사

장님으로 태어난 오딜르

성녀 오딜르(오띨리아)

680년 에티숑-아달릭(Étichon-Adalric)이라 불리는 알자스의 공작의 딸 오딜르(오띨리아)가 수도원을 짓고 깊은 신앙심과 자비심의 귀감이 되어 살다가 사망 후 성녀로 추앙받게 된다.

오딜르(약 660-720)의 생애는 약간 전설적인데, 아버지 아달릭 공작은 후계자(아들)를 몹시 기다리던 사람이었다. 아내가 임신하자 많은 기대를 걸고 있었는데 딸이 태어났다. 게다가 장님으로 태어나 아버지는 이 운명의 장난을 받아들일 수가 없어서 딸을 죽이라고 명한다. 그러나 유모에게 숨겨져 구사 일생으로 목숨을 건진 그녀는 12살에 발마(Balma)에서 세례를 받고 시력을 찾는다. 여동생이 살아 있고 병을 고쳤다는 소식을 들은 오빠가 아버지의 반대에도 불구하고 그녀를 집에 돌아오게 한다. 그러자 불같이 화가 난 아버지는 자기 아들을 죽여버리고 딸을 한 수녀에게 맡긴 채 보려고 하질 않는다.

어느 날 아침 그녀가 가난한 사람들에게 주려고 밀가루를 외투 속에 숨기는 걸 본 아버지는 감동하여 호헨부르그(Hohenbourg)성을 물려주자 그녀는 여기에 수도원을 짓고 원장이 된다. '오딜르'는 '빛의 아이'라는 뜻이며, 그녀는 베네딕토 수녀원장의 복장을 하고, 눈이 그려진 베네딕토 계율서를 손에 들고 있는 모습으로 그려진다.

오딜르는 니데르뮌스터(Niedermunster) 수도원도 지었는데, 그 이유는 호헨부르그 수도원이 높은 산 위에 있기 때문에 올라가기 힘든 노약자나 가난한 이들을 위해서 세운 수도원으로 농민전쟁과 두 번의 화재로 소실되어 지금은 폐허로 남아 있다.

신성 로마제국의 황제 샤를르 4세가 프라하의 대성당에 그녀의 유해를 먼저 가져다 놓을 욕심으로 그녀의 무덤을 열었을 때, 그녀의 시신이 썩지 않고 그대로 있었고 형용할 수 없는 향기가 시신 주위를 맴돌았다고 한다.

1793년 11월, 혁명당원들로부터 보호하기 위해 그녀의 유해가 아랫마을인 오트로트로 비밀스럽게 옮겨진다. 혁명당원들이 1794년 8월에 수도원에 도착하여 석관을 부셨으나 거기에는 뼈 한 조각도 남아 있지 않았다. 유해는 1800년에서야 다시 이곳 수도원으로 옮겨지게 된다.

그녀가 죽은 후 오딜르의 무덤은 순례의 중심지가 되었고, 수도원은 12세기 중엽에 비약적인 발전을 하여 유명한 『환희의 정원(Hortus Deliciarum)』을 저술했는데, 이 책은 1870년 스트라스부르의 화재로 없어지고 말았다. 또한 7번의 화재로 수도원은 많은 피해를 입었지만 특히 1546년 화재는 수도원을 거의 삼켜버렸고 수도자들은 수도원을 떠날 수 밖에 없었다.

대혁명 때는 수도사들이 추방되고, 수도원은 팔리고 다시 돌려받고를 여러 차례 반복한다. 1853년 알자스 전역에 걸쳐 모금 운동을 하여 수

바위를 두드려 물이 나오는 기적

도원 건물과 30ha의 숲이 다시 스트라스부르 교구의 재산이 되었고, 지금은 침대 210개를 갖춘 고급 호텔과 500명을 수용하는 식당을 갖추고 있으며 많은 순례자들과 관광객이 줄을 잇고 있다. 〈성 처녀 오딸리아의 일생(La vita Sanctae Otilliae Virginis)〉은 오딜르 성녀의 생애를 다룬 최초의 문헌으로 그녀가 이미 멀리까지 알려졌기 때문에 순례자들을 계몽하기 위해 쓰여졌다. 그녀의 출생에서 부터 아버지에게 버려짐, 팔마에서 세례받음, 집에 돌아옴, 호헨부르그에서의 은둔생활, 아버지의 회심, 가난한 이들과 병자를 위해 니데르뮌스터 수도원 건립, 보리수 나무 심기, 세례자 요한 발현 그리고 죽음까지가 기록되어 있다. 이 책의 수사본은 현재 스위스의 생 갈(Saint Gall) 도서관에 보관되어 있다.

환희의 정원 Hortus Deliciarum

『환희의 정원』 즉 천국이라고 번역되는 이 책은 이 수도원의 황금기였던 1159년부터 1175년에 걸쳐 만든 그리스도교 백과사전으로 에라드(Herrade:1125-1195)와 호헨부르그 수도원의 수녀들이 교육 지침서로 쓰기 위해 수작업으로 만들었는데 여성이 지은 최초의 백과사전으로 알려져 있으며, 유럽에서도 가장 아름다운 수사본이고 중세예술의 가장 값진 보물로 알려져 있다.

이 작품은 신학에 대한 인식과 그 시대의 세속에 대해 라틴어로 송아지 가죽 위에 저술한 책이다. 원본은 대혁명 당시 몰수되어 스트라스부르 도서관에 옮겨졌으나 애석하게도 프랑스-프러시아 전쟁 중인 1870년 8월에 프러시아 군의 폭격에 맞아 파손되었다. 이 책의 원본은 없어지고 말았지만, 다행히도 열렬한 애호가들이 모사와 복사를 해서 지금도 수도원의 벽에 장식되어 있다.

『환희의 정원(Hortus Deliciarum)』은 카톨릭이 부흥하던 시기에 찬란하게 꽃피웠던 문화의 반영으로 〈양피지 위의 대성당〉이라고 불리기도 한다. 내용은 4단락으로 나뉘는데 구약(L'Ancien Testament), 신약(Le Nouveau Testament), 종교적인 삶(La Vie religieuse), 구원(Le Salut)에 관한 것이다. 336장의 세밀화와 342장의 삽화에는 7천 명이 넘는 인물이 등장한다. 그 당시에 이 수도원에는 60여 명의 수녀, 성 오거스틴의 계율을 따르는 46명의 여자 참사회원 그리고 가사 일을 도와주는 13명의 평수녀가 있을 정도로 융성했으며 순례객 또한 많이 모여 들었다.

입구와 넓은 마당 L'entrée et la grande cour

입구 문 위에 성녀 오딜르의 작은 동상이 움푹 들어간 곳에 들어가 있고 양쪽으로 "여기 예전에 빛나던 성녀 오딜르는 지금도 여전히 알자스의 어머니로서 군림하도다"라는 문구가 새겨 있다.

반원의 문을 통해 성녀 오딜르의 문장(紋章)으로 포장된 넓은 마당으로 나가면 아주 오래된 보리수 나무들이 우거져있다. 마당 오른쪽에는 1988년 10월 11일에 요한 바오로 2세 교황이 이 성지를 방문한 기념패가 새겨져 있다. 마당 오른쪽에는 12세기에 만든 세례반이 있고, 왼쪽

수도원 문장

교황 요한 바오로 2세의
방문 기념

에는 〈순례자의 홀〉이라고 불리는 큰 방이 있는데 순례자들을 맞아들이고 간이식당으로 쓰이는 장소다.

수도원 수위실 La porterie

이 장소는 옛날에는 수도원으로 가는 공간이었는데, 지금은 호텔에 묵는 손님이나 순례객들이 식사하는 고급 식당으로 가는 통로로도 쓰이고 있고 양쪽에는 수도원의 발전사를 한눈에 볼 수 있게 도표를 그려 붙여놓은 곳이다.

처음 들어가면 바로 왼쪽에 오딜르 성녀의 동상이 있고 3면에 조각이 되어있는 12세기의 성 레제르(Saint Léger)의 묘석이 있다. 한쪽 면에는 아기 예수와 머리를 길게 땋아 늘인 성모가 있고 발치에는 'Herrade(아래 오른쪽)'와 'Relinde(아래 왼쪽)' 수녀원장이 조각되어 있는데, 성모와 아기 예수의 머리 부분은 1793년에 혁명당원들에 의해 훼손되었으나 아래 두 원장의 얼굴은 화를 면했다. 또 다른 면에는 오딜르의 아버지 아달릭 공작(Adalric)이 딸 오딜르에게 수도원 기증 문서를 주는 장면으로 'ETICHO DUX'라고 위에 쓰여 있는데 역시나 이 두 사람 얼굴도 몰라보게 훼손되었다. 또한 좁은 면에 'S. LEVDGA'라고 위에 새겨진 조각

아달릭 공작과 딸 오딜르

성 레제르

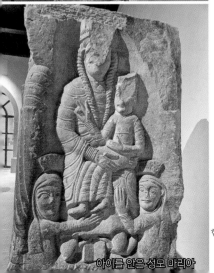

아이를 안은 성모 마리아

상은 오딜르 어머니 쪽으로 친척이 되는 성 레제르(Saint Léger:616-677)인데 그의 얼굴 또한 심하게 망가져 있다. 이 묘석을 지나면 오딜르 성녀의 일생을 한 눈에 볼 수 있는 아름다운 타피스리가 있고 오른쪽에는 이 수도원의 변천사를 년대 별로 잘 정리해 놓았다.

수도원 교회 L'église du couvent

바실리크 또는 성모승천 샤뻴이라고도 한다. 12세기 교회의 잔해 위에 17세기 말에 다시 지은 수도원 교회는 버팀 기둥과 측면 벽에 옛 모습이 남아 있고 아주 조화로운 아름다움을 자랑한다. 교회 안에서 주목할 만한 것들은 순서대로 정리해 본다.

① **스테인드글라스** : 회중석에 있는 스테인드글라스는 1946년에 제작한 것으로 주로 성모 마리아의 생애를 표현하고 있다.

② **고해실** : 17세기의 조각품인 6개의 고해소는 이 지방에서 가장 아름다운 바로크풍 작품으로 평가받고 있고, 양쪽의 세로로 길게 홈을 판 코린트식 기둥은 루이 14세 시대의 유행을 따른 것이다.

③ **십자가의 길** : 샤를 스핀들러(Charles

오딜르의 일생을 그린 그림

Spindler:1865-1938, 사진작가, 저술가, 쪽매붙임 세공사)가 쪽매붙임 기법으로 제작한 이 14점의 작품들은 다른 데서는 보기 힘든 정교한 작품들이다.

④ **제단** : 제단은 터키 블루의 대리석으로 장식되어 아름답고 고상하며, 장식 병풍에는 아기 안은 성모가 교회를 내려다보고 있다. 왼쪽의 스테인드글라스는 성 레오 9세(1002-1054)이고 오른쪽은 성 루이(Saint Louis:1214-1270. 루이 9세를 보통 성인 루이라고 부름)이다.

제대 위에는 1932년에 에드먼드 베커(Edmond Becker:1871-197, 조각가, 상패 제조자, 보석 세공사)가 만든 황금색으로 도금한 감실이 놓여있고, 두 천사가 팔을 뻗어 성체를 보호하기 위해 닫집 모양의 왕관을 받치고 있다.

감실

SIMON CYRENAELIS
JESUM ADIUVAT

쪽매붙임 기법의 십자가의 길

하루 종일 감실을 지키는 두 사람과 제단 모습

심플한 스테인드글라스

1931년부터 이 제단 앞에서 알자스와 세계평화를 위한 기도가 밤낮으로 끊임없이 이어지며 두 사람이 항상 감실 쪽을 지켜보며 앉아 있다.

가운데 심장 모양의 초승달에는 그리스도의 실재를 의미하는 축성된 면병(밀떡)이 들어있고, 그것은 "나는 세상 끝날 때까지 항상 너희와 함께 있겠다"라고 마테오 복음에 쓰여있는 것처럼 우리의 구원을 약속하는 것이다. 초승달 모양을 둘러싸고 있는 네 개의 하얀색 감실에서 왼쪽 위는 성 레오 9세(Saint Léon IX:알자스 출신 교황. 제대부 왼쪽 스테인드글라스가 이 교황임). 오른쪽 위는 오딜르의 조카이자 호헨부르그 수도원 원장직을 계승했던 성녀 으제니(Sainte Eugénie:?-735. 호헨부르그 수도원 2대 원장), 오른쪽 아래는 니데르뮌스터 수도원 원장을 지냈던 성녀 귄드랭드(Sainte Gundelinde) 그리고 왼쪽 아래에는 성 레제르(Saint Léger)의 초상이 들어 있다. 십자가 가운데 있는 아이보리 색의 작은 동상은 오딜르 성녀가 성체 안에 현존하는 그리스도를 향해 손을 뻗고 있는 모습이다.

제대 왼쪽 벽에는 오딜르의 아버지가 딸에게 교회의 모형을 보여주고, 오딜르는 수도원의 기초를 제시하는 그림이 붙어 있다.

세례자 요한 샤뻴 la chapelle St Jean Baptiste

경내 정원 오른쪽이나 바실리크에서 세례 요한 샤뻴에 들어갈 수 있다. 벽에는 『환희의 정원(Hortus Deliciarum)』의 복사본 프레스코화가 있고 제단 위에는 최후의 심판 장면의 일부분이 남아 있는데, 영광의 그리스도, 땅 위에 내려오는 불, 사람들을 심판대에 호출하는 천사, 심판의 상징인 십자가를 마주하고 있는 아담과 이브 그리고 양쪽 벽을 따라 세례 요한의 생애가 펼쳐져 있다.

갓난 아이의 이름을 작은 칠판에 쓰고 있는 자카리아, 세례 주는 세

오딜르 아버지의 석관   오딜르 성녀의 무덤

례 요한, 예수를 가리키며 "이 분이 하느님의 양이다"라고 말하는 세례 요한, 요르단 강에서 세례받는 예수, 아농에서 베타니로 가는 세례 요한, 헤로데 앞에 선 세례 요한, 감옥에 갇힌 세례 요한, 헤로데의 향연에서 춤추는 살로메, 머리 잘린 세례 요한, 그의 영혼을 들고 날아오르는 천사, 세례 요한의 머리를 접시 위에 들고 있는 살로메이다. 오른쪽에 오딜르 성녀의 아버지 석관이 놓여 있고 상인방에는 〈생명의 나무〉 프레스코화가 있다.

십자가 샤뻴 la chapelle de la Croix

세례 요한에서 계단으로 올라가면 있는 샤뻴로 지금은 폐쇄되어 볼 수는 없다.

오딜르의 무덤 샤뻴 la chapelle du tombeau de Sainte Odile

오딜르 성녀의 무덤이 있기 때문에 순례의 중심이 되는 곳으로 12세기에 만들어졌는데 십자가, 닻, 심장 모양의 그림을 통해 오딜르 성녀를 모시고 있는 8세기 석관을 볼 수 있다. 그녀의 무덤 앞에 구리로 된 판에는 〈성처녀 오딜르의 묘(SEPULCRUM SANTAE ODILIAE VIRGINIS)〉라고

세례받는 오딜르

오딜르 샤뻴의 제단

교황 요한 바오로 2세의 유해

적혀 있다. 제단 앞면에는 "복녀 오딜르의 유골이 1793년 시민들에게 유린 당한 후 1799년에 여기에 다시 묻혔으며 신앙심이 강한 공로를 기리기 위해 여기에 기념묘를 만든다."라고 라틴어로 새겨져 있다.

제단 뒤에는 은으로 세공한 오딜르의 작은 동상이 놓여 있다. 또 그녀의 무덤 위에는 성녀의 세례 장면과 그녀의 아버지가 연옥에서 벗어나는 장면을 나타내는 대리석으로 된 낮은 부조가 있고, 제단 오른쪽 벽에는 요한 바오로 교황(1920-2005.폴란드 출생으로 1978년에 이탈리아 출신이 아닌 사람으로는 처음으로 교황에 선출됨)의 유해(그의 피가 묻은 직물)가 그의 소망에 따라 묻혀 있다.

샤뻴의 회랑 벽에는 오딜르 성녀의 일생을 그린 그림들 즉 그녀의 탄생, 아버지에게서 쫓겨남, 결혼 거부, 도망자를 바위 속에서 찾아내는 아버지, 수도원 건축, 우물의 기적, 성 베드로와 천사에게 축복받는 세례 요한, 죽었지만 종교인들 사이에서는 영원히 살아 있는 오딜르의 타피스리가 있다.

경내 정원 Le cloître

이 수도원의 경내 정원은 지금까지 보았던 것들과는 사뭇 다르다고 할 수 밖에 없다. 보통 경내 정원이라고 하면 잘 조성된 화단이 있고 그 가운데에 우물이 있으며 사방이 회랑으로 되어 있어서 수도자들이 그 회랑을 거닐며 명상에 잠기거나 독서를 하도록 설계되어 있는데, 이 수도원의 정원은 가운데 오딜르 성녀의 동상이 서 있고, 두 곳의 회랑도 다른 건물과 연결되어 있어서 회랑이라는 느낌보다는 복도라고 하는 게 좋을 것 같다. 오딜르 샤뻴에서 조금 가다가 왼쪽으

수도원 경내정원

로 돌아서면, 왼쪽 귀퉁이에 딸에게 수도원 건축 헌금을 한 아버지, 큰 프레스코화에는 수도원의 60여 명의 수도사, 계단 위에는 가난한 이들을 받아주고 병자를 고쳐주는 성녀 오딜르가 그려져 있다.

넓은 테라스 La grande Terasse

〈눈물의 샤뻴〉과 〈천사의 샤뻴〉이 자리하고 있는 넓은 바위 위 고원을 말하는데 우리는 여기에서 알자스 평원을 내려다 볼 수 있다.

오래된 보리수 일곱 그루와 화단으로 잘 꾸며진 이 테라스에서 청명한 날에는 알자스 평원은 물론이고 스트라스부르, 라인 강, 검은 숲, 보

| 테라스에서 휴식 중인 부부 | 세 그루가 합쳐진 보리수 | 해시계 |

쥬 산맥 그리고 주변에 흩어져있는 50여 개의 마을을 볼 수 있다고 한
다. 보리수 중에는 세 그루가 합쳐진 나무도 있는데 모두들 줄을 서서
사진을 찍기도 한다. 테라스에는 오랜 역사를 간직한 기념물들이 많이
있고 주변 경관을 조망할 수 있는 장소이기 때문에 여유를 가지고 둘러
보기를 권한다.

해시계 Le Cadran solaire

18세기에 뇌부르(Neubourg)의 시토회 수도사가 구상한 이 해시계는
이 곳의 시간뿐 아니라 바빌로니아, 이탈리아 등 다른 곳의 시간도 알려
주는데 이런 특수한 해시계는 아마도 이것이 유일할 것이다.

원통형 받침대에는 몽시뇰 뤼쉬(Mgr Rush:1873-1945)의 문장 아래에
라틴어로 4구절이 쓰여있는데 "흘러가는 그림자가 우리의 시간을 가리
키고 그림자는 그림자를 지배하나니, 우리는 먼지와 그림자에 불과하
다는 걸 너는 알고 있겠지."라고 어거지로 해석해 본다.

주교의 문장 위 입방체에는 뇌부르 수도원의 문장이 새겨 있다.

이 해시계는 이 세상의 다른 지역을 나타내는 24개의 판과 8면체로 되어있는 특별한 작품이라고 할 수 있는데, 방패 무늬 아래에는 이 해시계가 이곳으로 옮겨온 해인 1935년이 새겨져 있고 뒤에는 뇌부르 수도원의 폐허에서 가져왔다는 기록이 새겨져 있다.

기념비 une plaque commémorative

저술가이자 정치가, 아카데미 회원인 모리스 바레스(Maurice Barrès:1862-1923)가 1903년 "Au Service de l'Allemagne"라는 책 속에서 이 성지를 아름답게 기술한 점을 기념하기 위해 세웠다.

오딜르 성녀의 커다란 동상이 수도원 동쪽 망루 위에 우뚝 서서 알자스 평원을 축복하듯이 내려다보고 있다.

알자스를 굽어보는 오딜르 성녀

반원의 합각벽 Tympan semi-circulaire

반원의 합각벽

작은 탑으로 올라가는 바깥 대문 위에 이 건물의 건축이 끝난 해(1924)가 적혀있고, 맨 위에는 "JHESUS MARIA" 가운데는 몽시뇰 샤를르 뤼쉬의 문장(紋章)과 그의 좌우명 〈하기 싫은 일을 합시다 그러면 신이 복을 주실 겁니다.(BESOGNONS ET DIEU BESOGNERA)〉이 맨 아래에 쓰여 있다.

방향판 L'orientation

　성벽 동북쪽과 동남쪽 모퉁이에는 주변을 상세하게 그린 방향판이 있다.

눈물의 샤뻴 La chapelle des Larmes

　전설에 의하면 성녀 오딜르가 이 샤뻴에서 연옥에 있는 아버지를 위해 눈물을 쏟았다고 해서 붙여진 이름이다. 궁륭형 철책 아래에 그녀가 무릎꿇었던 돌을 아직도 볼 수 있다. 죽은 자를 위한 기도문이 새겨진 대리석 제단 위에 기독교의 상징(사자, 공작, 복음사가 등등)을 표현했고 무덤은 빛으로 가는 통로처럼 양쪽에 위대한 성인들과 알자스의 성인들 얼굴(왼쪽에 성인 레오, 오른쪽에 유제니 성녀 등)이 모자이크로 제작되었는데, 도자기 제조업자인 알퐁스 장티(Alphonse Gentil:1872-1933)와 프랑수아 외젠 부르데(François Eugène Bourdet:1874-1952)가 1935~1936년에 만든 아름다운 작품이다. 둥근 천정에 그리스도가 역품 천신들에게 둘러 쌓여있고, 벽 안쪽에 연옥에 있는 아버지를 위해 기도하는 성녀 오딜르, 그 위에는 그녀의 소원을 들어주는 하느님의 손이 있다.

　제단 발치에 철책이 바위에 뚫어진 구멍을

성인 레오와 으제니 성녀

아버지를 위해 기도하는 오딜르

오딜르의 눈물로 파여진 자리

눈물의 샤뻴

천사의 샤뻴 문위의 문장　　　　　　　　　메로빙거 시대의 돌무덤

보호하고 있는데, 오딜르 성녀가 아버지를 위해 흘린 눈물로 파여진 곳
이라는 설과 수세기에 걸쳐 순례객들 때문에 지반이 침하했다는 설이
있다.

천사의 샤뻴 La chapelle des Anges

　돌출된 바위 위에 있어서 〈매달려 있는 샤뻴〉로도 불렸던 이 샤뻴은
로마시대의 감시탑이 있었던 곳에 11세기에 세워졌다. 내부 장식은 최
근에 〈구원의 계획안에서의 천사의 역할〉을 표현하고자 하는 모자이크
로 보수되었다.(성부. 성자. 성령의 상징) 타오르는 불꽃의 검을 찬 천사들, 아
래에는 십자가가 꽂혀있는 지구, 오른쪽 벽에는 그리스도의 탄생을 알
리는 천사들이 예수 승천 시에 세상의 종말을 알리기 위해 사도들에게
나타남(안쪽에 용과 싸우는 성 미카엘), 사탄에 대적하여 싸우는 인간을 지지
해주는 천사들이 그려져 있다. 그리고 천정에는 4종류의 인간을 보호
하는 천사들이 보인다. 모자이크는 1935년에 장띠 에 부르데(Gentil et
Bourdet:1874-1952. 도자기 건축가)가 제작했고, 샤뻴 입구 문 위에는 레오폴
드(Léopold d'Autriche:1586-1632)대공의 문장(紋章)이 새겨져 있다.

한필남·한계전 부부의 중세 수도원을 가다 두 번째 이야기
수도원 가는 길

옛 무덤들 Des tombes anciennes

1932년에서 1934년까지 테라스를 수리하느라 눈물의 샤뻴 근처 땅을 1미터 쯤 파 내려가다가 바위를 파서 만든 무덤들이 발견했다. 직사각형 또는 사다리꼴 모양인 이 무덤들은 사람의 모양을 딴 것으로 뚜껑을 덮으려는 홈까지 파여 있었다. 이 무덤들이 생긴 시기는 정확하지 않으나 눈물의 샤뻴이 생기기 전 아마도 메로빙거 시대(5세기에서 8세기)에 만들어졌던 것으로 추정된다. 무덤의 위치는 평야를 내려다보는 뛰어난 곳에 위치해 있다.

십자가 une croix

샤를르 뤼쉬(1873-1945)주교의 심장을 품고 있는 십자가로 스트라스부르 주교였던(1919-1945) 그는 이 성지에 무한한 애정을 가지고 있었기 때문에 그의 희망에 따라 무덤은 스트라스부르 대성당에 있지만 그의 심장 만은 이 십자가 안에 안치되었다. 십자가 둘레에 금으로 쓰인 문구에는 "나의 심장을 알자스에 바치노라"라고 쓰여 있으니 그의 알자스 사랑을 짐작할 수 있다.

샤를르 뤼쉬의 십자가

루르드의 성모

기적의 샘

음악회 연습 중

수도원 주변의 볼거리

① **수도원 공동 묘지**(Le cimetière du couvent): 〈기적의 우물〉로 내려가는 길 옆에 1861년에 조성된 수도자 공동 묘지로 수녀들과 신부들의 무덤들이 있다.

② **십자가의 길**(Le chemin de Croix) : 1933-1935년에 레옹(Léon Elchinger 1871-1942. 1967-1984년 까지 스트라스부르 주교였던 레옹 아르튀르의 아버지)에 의해 조성됨.

③ **루르드 동굴**(La grotte de Lourdes) : 1936년에 〈십자가의 길〉을 조성한 레옹에 의해 제작된 성모상이 울퉁 불퉁한 바위 사이에 모셔져 있다.

④ **성녀 오딜르의 샘**(La Source de Sainte Odile): 수도원에서 10여 분을 비탈길로 내려가면 있는 이 샘은 기적의 샘이라고 부른다. 이 샘은 내려오는 전설이 있다.

어느 날 오딜르가 니데르뮌스터 수도원에 가는 길에 배고프고 목이 말라 기진맥진한 눈이 먼 한 남자를 만났다. 오딜르가 지팡이로 바위를 치자 물이 솟아 올랐고 그 물을 마신 남자는 눈을 번쩍 떴다는 전설이 내려오고 있다. 그래서 이 샘물은 눈병 환자들을 고치는 것으로 유명하고, 물이 넘치게 되면 샘을 보호하는 호헨부르

그 가문의 문장이 새겨져 있는 철창 속의 큰 저수조로 흘러 들어가게 되어 있다.

이 수도원을 두 번 방문한 뒤 일화

이 수도원에는 보리수 나무가 유난히 많다. 나무 둘레를 보면 나이가 상당히 많은 것 같은데도 잎이 무성하고 싱싱한 걸 보면 참 신기하다. 무슨 거름을 줬길래 저렇게 푸르름을 자랑하는지 궁금하다. 곳곳에 그늘과 반질반질 윤이 나는 벤치가 있어서 쉬어 가기에도 좋고, 알자스 평원을 바라보며 사색에 잠겨보는 것도 좋은 일이다.

2013년에는 사전 준비없는 당일치기였지만 저녁에 바실리크에서 열릴 바이얼린 연주를 기다리면서 여유를 부려보기도 했다. 그날 연주 시간을 기다리며 나무 그늘에 앉아 있을 때 호텔에 들락 날락하는 사람들이 참 부러웠다. 이번에는(2023년) 나도 여기에 있는 호텔에서 2박을 하게 되니 더욱 한가롭게 이 곳의 분위기에 젖을 수가 있어서 좋았다. 일단 방도 고급스럽고 세끼 제공되는 음식도 다양하고 훌륭하다.

우리나라에는 비교적 알려져 있지 않은 이 곳에서 있었던 에피소드 하나: 우리 일행(여자 네 명)이 이교도의 담장(Le Mur Païen)을 찾아가느라 표지판을 보며 산길을 내려가는데 어디선가 아주 귀에 익은 멜로디가 들려왔다. "아하! 서양 사람들도 저 노래를 부르는구나" 하면서 더 내려가 보니 "어머나!" 우리와 똑같이 생긴 사람들이 놀란 표정으로 우리를 올려다 보고 있는게 아닌가. 〈십자가의 길〉을 하다 말고 그들도 놀라서 우리를 구경하고 있었던 듯하다. "아! 이제 한국에도 알려져서 단체로 순례를 오는구나"하고 생각했는데 그들은 독일에 살고 있는 교민들이라고 했다. 독일에 살면서도 한국어로 기도하고, 한국어로 〈십자가의 길〉을 하면서 고국을 그리워하겠지 생각하니 코끝이 찡해졌다. 모두가 하던 일이 있으니 또 그렇게 무심하게 헤어지는 것이 이상한 일도 아닌데 자꾸만 뒤를 돌아다 보았다.

어느 곳이나 그렇지만 처음 갔을 때는 보았던 것을 두 번 째 갔을 때는 못 보기도 하는 일이 아주 많은데, 그 이유는 하필 보수하는 기간 중에 방문하게 되는 경우다.

〈눈물의 샤뻴〉과 〈천사의 샤뻴〉도 2013년에는 남편과 함께 구경을 했지만 이번에는 굳게 닫힌 대문만 쓸쓸하게 바라보는데 참 가슴이 저렸다. 가깝기나 해야 또 오지 이 먼 곳에 언제 또 오나 싶어서. 그래도 전에 봤으니 얼마나 다행인지 모르겠다. 이 수도원은 기회가 되면 다시 한번 가서 아무것도 하지 않고, 너무 열심히 보려고도 하지 않고 그저 쉬다 오고 싶은 곳이다.

info

Strasbourg 남서쪽 40km

Obernai 남서쪽 10km

Molsheim 남쪽 23km

Colmar 북쪽 53km

Ottrott 남쪽 7km

놀라서 우리를 올려다보는 독일 교민들

대 성당 입구에 순례자 접견 데스크

온천 마을
렉뚜르 Lectoure

렉투르 대 성당

   렉뚜르는 인구가 3,700명 정도로 제법 큰 도시이고 잘 보존된 성벽이 도시를 감싸고 있으며 프랑스의 토스카나 지방이라고 불린다. 지하수가 풍부해서 온천이 발달해 있고 산티아고 순례길의 거점 도시이기 때문에 수 많은 교회와 샤뻴이 있지만 보는 데 상당한 시간이 소요되고 우리는 한정된 시간을 쪼개서 써야 되니 나는 대성당을 꼼꼼하게 보기로 했다.

대 성당 내부   대 성당 입구   원형 묘석

제르베와 뽀르테 성인 대성당 Cathédrale Saint Gervais et Saint Portais

이 대성당은 옛 이교도 성전 터에 13세기부터 짓기 시작했다. 15세기에는 거의 대부분을 재건했지만 종교 전쟁 때는 화를 피하지 못했는데, 지금의 대성당의 제단 부분은 프랑스식 고딕 양식이고, 회중석은 남방식 고딕 양식이다. 대성당이 있는 이 마을은 산티아고 순례길에 거치는 곳이기 때문에 대성당 정문에 책상을 놓고 순례자들에게 도장을 찍어주는 것이 아주 중요한 일 중의 하나이다.

성당의 외관은 다른 성당과는 상당히 다른데 우선 높이가 상당하다는 것과 정문의 상인방에도 조각품하나 없이 너무나 소박하며 대문 색깔이 엉뚱하게도 파란색 나무로 되어 있다.

성당으로 들어가면 바로 왼쪽에 장례 묘석이 아홉 개와 돌 제단이 진열되어 있는데 이것들은 마을의 공동묘지에서 회수된 것을 주인들이 기증한 것들이라고 한다. 돌로 만들어진 원반 모양의 모형은 태양신을 숭배하는 이교도의 종교의식에 쓰였던 것인데, 돌이 귀한 지방에서는 나무로 만들기도 했다.

N° 1: 밑면에 쇠시리를 넣은 나무 재질의 장례 묘석으로 물방울과 꽃을 모티브로 삼았고 꼭대기에 있는 십자가는 잘려진 형태

N° 2: 나무로 된 장례 묘석으로 꼭대기가 잘린 꽃무늬 장식의 십자가 모양

N° 3: 나무로 된 장례 묘석으로 꼭대기가 잘린 꽃무늬 장식의 십자가 모양

N° 4: 돌로 된 원반 모양의 장례 묘석으로 클로버 모양의 십자가 모양

N° 5: 돌로 된 원반 모양의 장례 묘석으로 원 안에 끝이 넓은 십자가가 조각되어 있는 모양

N° 6: 돌로 된 장례 묘석으로 말굽 모양의 끝이 넓은 십자가가 조각되어 있는데 이것은 흙손이나 쟁기의 보습을 의미할 수도 있다.

N° 7: 돌로 된 장례 묘석으로 끝이 넓은 십자가 가지 세 개가 원반 안에 조각되어 있고, 뒷면에는 여덟 갈래의 별이 조각되어 있는데 이것은 그리스도의 합자이거나 태양을 모티브로 한 것이다.

N° 8: 돌로 된 장례 묘석으로 원반 안에 끝이 넓은 십자가 모양이 조각되어 있다.

N° 9: 돌로 된 장례 묘석으로 원반 안에 말굽 모양의 끝이 넓은 십자가가 조각되어 있다.

N° 10: 돌로 된 제단으로 끝이 넓은 십자가 다섯 개가 조각되어 있다.

제르베 성인과 뽀르떼 성인은 누구인가?

프랑스를 여행하면서 여러 교회에서 두 성인의 조각상도 보았고, 교회 이름이 아예 이 두 분의 이름을 붙인 곳도 상당히 많이 보았다. 우리나라에는 다소 생소한 이름이라 간략하게 소개해 본다.

두 성인은 1세기에 순교한 쌍둥이인데 자료가 거의 없고 13세기에 저술한 성인 전기집인 『황금 전설집(La Légende Dorée)』에 나오는 내용으

로 두 분의 행적을 알 수 있다. 제르베와 뽀르떼는 네로 황제 치하인 1세기 인물로 전 재산을 가난한 이들에게 주고 알프스 산중에 있는 작은 기도소에서 살고 있었는데, 어느 날 군인들이 들이닥쳐 밀라노로 끌고 간다. 밀라노에는 큰 전투를 앞두고 있는 장군이 있었는데, 두 형제에게 축복을 받아 전쟁에서 승리하고 싶어서 로마인처럼 우상 숭배하기를 강요했다.

기독교 신앙이 깊었던 두 형제는 우상 숭배를 거부한 댓가로 채찍질을 당해 죽음에 이른다. 한 기독교인이 둘의 시신을 거두어 자기 집 마루 밑에 숨기고 그들의 순교에 대해 자세히 적은 쪽지를 관에 넣어둔다. 네로의 박해 중 64년에 있었던 일이다.

두 순교자는 오랫동안 잊혀진 채로 있었는데, 어느 날 암브로시오(340-397:밀라노의 주교로 성인품에 오름)가 기도 중에 하얀 튜닉을 입은 젊은 이가 기도하는 환상을 보게 된다. 암브로시오는 "이것이 환상이라면 더 이상 나타나지 않게 해주시고, 현실이라면 다시 한번 보여달라"라고 신께 기도한다. 얼마 후 새벽에 바오로 성인과 함께 두 젊은이가 나타난다. 바오로 성인이 그에게 "네가 지금 있는 곳에서 12걸음 밑에 이들의 시신이 있다. 그들의 출생과 죽음에 대해 적어 놓은 쪽지도 있을 것이다"라고 말한다. 암브로시오는 주교들을 소집하여 지정한 장소를 파보니 과연 거기에는 썩지 않고 그윽한 향기를 풍기는 관이 놓여 있었다고 한다.

샤뻴이 많은 성당

이 성당에는 샤뻴이 특히 많은데 아주 정성들여 설명을 해 놓은 것도 인상적이다. 참고로 거기 적힌 내용을 간략하게 소개해 본다.

① **연옥 샤뻴**(Chapelle du purgatoire) : 하얀 색과 검정색 대리석으로 된 제단 뒤에 연옥의 풍경을 그린 그림이 장식 병풍의 역할을 하고 있어서 붙은 이름이다. 아래 쪽에 활활 타는 불속에 있는 사람들의 비통하고 찡그린 표정과 달리 위쪽에는 천사들에 의해 천상으로 끌어 올려지는 사람들의 편안한 표정이 대조적이다.

오른쪽 아래에 화가의 싸인이 〈오슈에서 벙어리로 태어난 스멧(Smets, muet à Auch)〉이라고 쓰여 있는데, 귀먹고 벙어리로 태어난 화가가 스승인 Jacob Smets를 따라 하느라고 이렇게 적는 습관이 있었다고 한다.

② **알렉산드리아의 카타리나 성녀 샤뻴** (Chapelle Sainte Catherine d'Alexandre) : 화려한 대리석으로 된 제단 뒤에는 실물같은 착각이 들게 하는 〈보시하는 카타리나 성녀〉의 그림이 있고, 제단 발치에는 렉투르의 주교였던 끌로드 프랑스와 몽시뇰의 평석이 있다.

③ **성모 승천 샤뻴**(Chapelle de l'Assomption) : 이탈리아산 아름다운 대리석으로 된 제단 뒤에 하얀 대리석으로 조각되어 렉투르 시민들에게 숭배받는 이 마돈나상은 〈우리의 하얀 성모〉라고 불린다. 병든 아이를 가진 신앙

연옥 샤뻴

알렉산드리아의 카타리나 성녀 샤뻴

성모 승천 샤뻴

성 안토니오 샤뻴

성 베드로 샤뻴

누워있는 예수상

심 깊은 어머니들은 이 동상의 옷을 만지곤 했다. 가운데 있는 스테인드 글라스는 로자리오의 신비를 나타낸다.

④ **앙트완 성인 샤뻴**(Chapelle Saint Antoine): 가운데 두 개의 스테인드 글라스에는 에우트로페, 제니, 앙투안(Eutrope, Gény, Antoine) 그리고 끌레르(Clair) 성인의 순교 또는 기적을 환기시켜주는 내용이 그려져 있다. 렉투르에서 순교한 끌레르 성인은 한 마디의 기도로 이교도들이 믿는 우상을 떨어지게 만든 기적을 행했다고 한다.(아래 맨 오른쪽) 장식 병풍 위에는 대자연 속에서 무릎을 꿇고 명상하며 칩거중인 성인을 볼 수 있다.

⑤ **베드로 성인 샤뻴**(Chapelle Saint Pierre) : 제단에 있는 그림은 그리스도가 베드로에게 천국의 열쇠를 건네주는 내용이고, 샤뻴 한 가운데에는 이 성당 재건축 500년을 기념하기 위해 1988년에 제작한 가죽으로 된 〈누워있는 그리스도〉이다. 스테인드글라스는 12 제자를, 홍예 주변의 네 원안에는 〈성 가족〉의 초상이 그려져 있다.

⑥ **끌레르 성인 샤뻴**(Chapelle Saint Clair) : 나무에 금도금한 성골함과 흉상 안에는 이 성당의 수호 성인인 제르베와 뽀르떼 성인 그리고 4세기에 이 지방에서 처음으로 전교하다가 순교한 끌레르 성인의 유골이 들어 있다. 스테인드글라스에는 끌레르 성인, 제르베와 뽀르떼 성인 그리

성 야고보 샤뻴   홍예

고 뒤에는 렉투르 마을과 성당의 첨탑까지 보인다.

　⑦ **안나 성녀 샤뻴**(Chapelle Sainte Anne) : 대리석 제단에 있는 그림은 예수 그리스도가 아빌라의 데레사 성녀에게 나타나는 장면이고, 가운데 있는 스테인드글라스에는 어릴 적 마리아의 생애가 펼쳐져 있다. 19세기에 제작한 화려한 고해실도 볼 만 하다.

　⑧ **야고보 성인 샤뻴**(Chapelle Saint Jacques) : 2003년에 용을 제압하는 미카엘 성인의 그림이 도난 당한 이후에 야고보 성인의 동상이 세워졌다. 오른쪽 벽에는 도미니크 성인이 로자리오(묵주)를 받는 그림이다.

　⑨ **죽어가는 사람들의 샤뻴**(Chapelle des Agonisants) : 예수 수난을 그린 그림이 있고, 오른쪽 그림에는 본시오 빌라도가 오스만 제국의 모자를 쓰고 있다. 그리스도의 얼굴이 박힌 수건을 두르고 있는 베로니카 성녀, 옷이 벗겨진 예수가 묶이고 매맞는 장면 등이 있다.

　⑩ **세례자 요한 샤뻴**(Chapelle Saint Jean Baptiste) : 예전에는 〈세례반 샤뻴〉이 있었던 곳으로 서쪽 벽에는 성당 출입문을 그린 세밀화가 있고, 대리석 판에는 1차 대전 때 이 교구에서 죽은 어린아이 102명의 이름이 새겨져 있다.

다이아나의 샘

까를로 메르두스

다이아나 샘 La Fontaine Diane

옛날에는 운텔리(Hountélie) 샘이라고도 불렸던 이 샘은 남쪽 성벽에 위치해 있다. 수량이 풍부하고 일정하게 솟아 나오는 이 샘물은 운텔리 구역의 수공업자들 특히 이 도시의 낮은 지역에 있는 무두장이 들에게 공급되었는데, 이 공장들은 까를로 메르두스(CARRELOT MERDOUS:무두질을 하면서 풍겨 나오는 지독한 냄새 때문에 붙은 이름)라는 좁은 골목을 따라서 형성되어 있었다.

르네상스 시대 석학들은 〈운텔리〉를 그리스 섬에서 존경받는 다이아나 여신으로 해석했다. 그런가하면 어떤 역사학자는 이 샘이 예언자인 엘리야에게 봉헌된 것이라는 의견을 표명하기도 했는데, 그 이유는 까르멜회가 이 샘 근처에 자리잡고 있었고, 엘리야 예언자와 까르멜 산위에 있는 샘이 전설 속에서 이름을 남기고 있다는 점을 근거로 한 것이다.

이 샘의 겉모습은 13세기에 만든 것으로 옹텔리 문(La porte Hontélie)바깥 성벽의 일부로 지어졌다. 구조적으로 성벽 바깥에 위치해 있지만 외부에서 공격해 오는 적으로부터 완전하게 보호를 받았다.

샘을 보호하고 있는 두 개의 아케이드는 철제 그릴에 백합이 조각되어 있다. 샘은 길에서 밑으로 계단을 이용해 내려가야 되기 때문에 외부의 시선을 피할 수 있다. 물은 커다란 두 개의 꼭지를 통해 흘러 나와서 저수조에 물이 너무 많이 고이게 되면 성벽 아래에 있는 물통을 채우게 되고, 물통이 넘치게 되면 피혁 공장 쪽으로 흘러가는 운하로 보내지는 구조로 되어 있다.

info

Agen 남쪽 30km

Toulouse 북서쪽 76km

Condom 동쪽 22km

온천 마을 렉뚜르 Lectoure

성 베드로 수도원교회

고양이의 전설이 살아 있는 마을
라 로미유 <u>La Romieu</u>

순례자가 반드시 거쳐가는 마을

라 로미유라는 마을 이름은 〈로마로 가는 순례자〉라는 의미이고 가장 아름다운 마을이면서 산티아고 순례길 중에 꼭 거쳐야 되는 중요한 곳이다. 560여 명 정도가 살고 있는 이 작은 마을에 베드로 교회를 중심으로 순례자를 위한 숙박 시설과 카페, 음식점 등이 발달해 있고 넘쳐나는 순례객으로 활기찬 모습을 볼 수 있다.

로까마두르(Rocamadour)와 르 뷔 앙 블레(Le Puy en Velay)에서 오는 산티아고 순례길이 이 마을에서 합해진다. 산티아고 순례길의 거점인 인

근 마을 렉뚜르(Lectoure)에서 이 마을을 거쳐 꽁동(Condom)까지 33km
는 1998년에 유네스코 문화유산으로 등재된 아름다운 길이다.

성 베드로 수도원 교회 Collégiale Saint Pierre

남방 고딕과 북방 예술의 영향을 받아 길이 36m, 높이 15m, 넓이
9m의 규모에 기둥 4개가 독특한 내부를 구성하고 다각형 후진을 갖춘
교회다. 교회는 고딕 천정과 사면으로 된 후진으로 특징있게 구성되었
다. 내진에는 종교개혁 때 모독당한 고위 성직자와 그의 조카들의 무덤
이 있으며 8각형 탑이 후진 동쪽에 기대어 있다.

33m의 종탑은 나선형 계단을 통해 올라갈 수 있는데 어디에서도 보
지 못한 독특한 구조와 규모를 자랑한다. 성기실(聖器室)에는 동그라미
안에 예수의 제자들, 성인들 그리고 주교등 신비로운 인물들을 화려한
색채를 사용하여 천정까지 덮여있다. 둥근 천장의 그림들은 천사들과
악기를 켜고 있는 천사들의 모습이다.

교회 북쪽에는 8개의 고딕 아케이드와 4개의 회랑이 있는 정사각형
경내 정원은 14세기에 만든 장엄한 작품이다. 졸렬한 복구에도 불구하
고 떡갈나무잎, 포도잎 그리고 담쟁이 덩굴이 사람 얼굴과 동물에 혼합
되어 조각된 모습은 아주 훌륭한 옛날의 흔적을 찾아볼 수 있다. 정원에
서 돌출 회랑을 따라 교회로 갈 수 있다.

이렇게 작은 마을에 어울리지 않은 규모를 자랑하는 성 베드로 교회
는 다른 교회와는 아주 다른 건축 구조를 가지고 있어서 더욱 놀라운데
나선형 층계를 올라가면 거기에 8각형 방이 있고, 또 한층 올라가면 또
팔각형 방이 있는 독특한 구조다.

옥스 추기경(Cardinal d'Aux:1265-1321. 교황 클레멘트 5세의 조카)이 자신과

기둥머리 조각상

성기실의 벽화와 천정화

아르노(Arnaldus)의 묘

교회 내부

벨베데레에서 내다 본 마을

홍예

가족의 무덤을 만들기 위해 단 6년(1312-1318
년)만에 이 큰 교회를 완성한 후 대혁명 때
까지 그의 소유였다. 1569년에는 몽고메리
(Montgommery) 장군의 지휘를 받은 개신교도
들이 이 마을과 베드로 교회를 불지르고 약탈
했기 때문에 수도원 경내 정원은 불에 타고
층계도 부분적으로 부셔졌다. 그러다가 여러
세기 동안에 이런 저런 전쟁들과 대혁명을 거치면서 교회는 지자체의 소
유가 되었고 지금은 유네스코 문화유산에 등재되어 있다.

가브리엘 1세 드 몽고메리 백작 Gabriel 1er de Montgommery(1530-1574)

몽고메리 장군

백작이며 영주였던 몽고메리는 1530년
5월 5일 뒤세(Ducey)에서 태어나 앙리(Henri)
2세의 근위대 대위로 왕의 신임을 받는 군
인이었다. 1559년 6월 30일 왕은 자신의
딸 엘리자벳과 스페인의 필립 2세의 결혼
을 축하하기 위해 마상 시합을 몽고메리와
하게 되었다. 시합 중에 몽고메리가 실수로
왕의 오른쪽 눈을 창으로 찔러 뇌까지 관통
하는 불의의 사고가 발생한다. 왕은 열흘 동
안 고통을 받다가 1559년 7월 10일 사망하고 만다. 왕은 죽기 전에 몽
고메리를 용서한다고는 했지만 그는 근위대 직을 사직하고 베니스로 탈
출하여 한 동안 피신해 있다가 노르망디로 귀국한다. 그는 1차 종교 전
쟁 당시 자신의 부하 중 단 한 명의 희생자도 없이 부르쥬(Bourges)시

를 점령하는데, 성난 군대와 군중은 도시에 있는 교회의 동상들, 그림들 그리고 값진 장식품들을 약탈한다. 그는 종교 전쟁을 치르면서 가장 잔인하고 능력있는 지휘자로 인정받은 만큼 많은 카톨릭 교도들을 처형했고, 그 후에도 여러 가지 악한 일을 많이 했기 때문에 1574년 그는 대역죄인으로 판결받아 6월 26일에 참수당한다.

그는 처형당하기 전에 형리들에게 "가지고 있었던 것을 되찾지 못하면 내가 무덤에서도 저주할 거라고 내 아이들에게 전해 주시오." 라고 말했다고 하니 과연 독한 사람인 것은 분명하다.

오크스 추기경의 무덤
Tombe d'Arnaud d'Aux de Lescout:1265-1321

이 마을에서 태어난 그는 가족묘로 쓰기 위해 이 성직자 교회(collégiale)를 지은 사람으로 교회에 그의 초상화가 걸려 있다. 그는 교황 클레멘트 5세의 조카였으며, 교황 요한 22세의 시종과 대행자로 살다가 아비뇽에서 죽은 후 여기 교회에 묻혔다.

추기경 오크스의 초상화

제로(Geraldus)의 묘

포르(Fortius)의 묘

말트 기사단의 기사인 제로의 무덤 Tombe de Géraud d'Aux de Lescout

오크스 추기경의 조카이며 최초의 평신도 후원자였는데, 신심이 깊고 활기찬 군인이었다고 한다.

쁘와띠에(Poitiers)의 주교인 포르의 무덤
Tombe de Fort d'Aux de Lescout:1300-1360)

오크스 추기경의 조카로 1314년에 숙부에 이어 주교가 되었는데 이 자벨(Isabelle)왕비의 대자이기도 했다. 그의 묘비명에는 〈선임자이며 모범이신 숙부 가까이 그리스도 안에서 쉬다〉라고 적혀 있다.

이사벨 드 프랑스 왕녀 Isabelle de France(1295-1358)

이사벨 드 프랑스 왕녀

프랑스의 왕족인 그녀는 12세에 영국과 프랑스의 평화를 위해 에드워드 2세와 혼인을 한다. 부모의 유전자를 받아 미모가 뛰어났던 그녀는 〈아름다운 이사벨라〉라고 불렸으며 명석한 머리로 처세에 뛰어났다. 1327년에 남편을 퇴위시키고 아들을 왕위에 앉혀 국정을 쥐고 흔든다. 아들인 에드워드 3세는 아버지를 처형하고 어머니 이사벨라는 수녀원에 감금했다가 2년 후에 풀어준다. 그녀는 죽기 전에 글라라 수녀회에 입회했다.

삐에르 레이몽의 묘

추기경의 조카인 삐에르 레이몽의 무덤
Tombe de Pierre Raymond d'Aux de Lescout

수도원 교회의 첫 평신도 후원자였다가 참사회의 첫 신부가 되었는데 그의 화려했던 무덤은 1569년 몽고메리가 이끈 개신교도들에게 철저하게 약탈당했다.

7세기 석관

석곽묘 Sarcophage

메로빙거(Mérovingien) 시대인 7세기의 석곽묘인데 트리께(Triqué)라고 하는 곳에서 발굴되었다고 하며 거기에서는 은으로 만든 석판과 귀고리 그리고 안전핀같은 것들도 함께 발굴되었다고 한다.

로마길의 경계석

로마길 이정표 Borne de la Voie Romaine

로마의 군사 경계석 아래에서 발굴되었는데 아장(Agen)에서 생 베르트랑 드 꼬맹쥬(Saint Bertrand de Comminges)까지 가는 이정표라고 새겨져 있다.

맷돌

맷돌 Meule de moulin

이 맷돌은 렉투르(Lectoure)에서 아장까지 가는 이정표에서 발견되었는데, 지금도 〈국립 지리 연구원〉이 지도를 만들 때 많은 참고가 된다고 한다.

세례반   새로운 제단

세례반 Baptistère

이 세례반은 벨몽(Belmont)이라고 하는 마을에 있는 나환자들 교회(11
세기)에서 가져온 것으로, 이 교회는 19세기에 무너지고 값진 물건들은
팔려 나갔으며 지금은 매장지의 흔적만 남아 있다.

새로운 제단 Nouvel autel

이 제단은 2015년에 제작되어 신자들과 더 가까이에 놓여 있다. 파
브리지오와 크리스틴이 물푸레 나무의 결을 그대로 살린 후 아주 아름
답고 정교하게 조각하고 가운데에 그리스도의 상징인 〈인류의 구세주
예수(IHS:Iesus Hominum Salvator)〉를 새겨 놓았다. 도자기로 만든 십자가
상도 그들의 작품이며 〈로미유를 사랑하는 친구들의 후원회〉의 찬조금
으로 제작되었다.

참사회의실 Salle de Chapitre

일반적으로 참사회의실은 1층에 자리하고 있는데, 이 교회의 참사회

마을에 애정있는 사람들 경내정원

의실은 위 층에 있는 것이 아주 특이하다. 이 방은 참사회원들이 모여서
일상적인 일(재산 관리, 예배 문제, 식품 구입 등등)들에 대해서 논의했
던 곳이다. 또한 여기서 수도원장을 선출하고, 누가 주교의 자격이 있는
지, 누가 참사회의 장이 될지 등을 결정했다. 이때 일단 선거 결과가 나
오면 회의의 연장자가 좁은 복도 끝에 있는 문으로 가서 오크스 가문과
귀빈들에게 선출된 사람의 이름을 알렸다.

참사회는 1793년에 해산했으나 여전히 벽에 남아 있는 타일과 시노
피아(Sinopias: 화가가 손가락으로 벽에 그림을 그리는 것)의 흔적을 볼 수가 있다.

전망대 Belvédère

이 방에서는 보호용으로 원래 설치되어 있었던 덧문과 기름칠 한 아
마포를 볼 수 있다. 바닥은 마치 물에 돌을 던졌을 때 생기는 물결처럼
생겼고, 사람들이 한 가운데서 얘기를 하면 주위에 있는 다른 사람들
은 듣지 못하고 특별한 울림 현상을 경험 할 수 있다. 14세기에 참나무
로 만든 뼈대는 견고하게 하기 위해 백년 동안 물에 담가 놓았다가 사
용했다고 한다.

교회의 천정

교회의 천정 Voûtes de l'Église

17미터 높이에 천정이 있는데 원래 교회는 지붕이 없었고 천정이 메워져서 테라스 구실을 했다고 한다. 옛날에는 두 탑을 통해서만 접근이 가능했고 이 테라스에는 빗물을 배수할 수 있게 작은 파이프가 설치되어 있다. 각 천정의 꼭대기에서는 홍예의 상부를 볼 수 있지만 판자 두께가 30cm 밖에 안 되므로 가까이 가면 위험하다.

가금 시장으로 나가는 문

닭 광장으로 나가는 문 Porte de la place à la Volaille

19세기에 이 문 뒤에 가금 시장이 펼쳐지는 작은 광장이 있었다. 이 시장이 생기자 무시무시한 화재가 나서 수도원 교회를 거의 파괴할 뻔했다. 그러자 도지사는 〈방화용 도로〉를 낸다는 구실을 삼아 수도원 교회에 인접해 있는 모든 집 들을 부셔버리라는 명령을 내렸다고 한다.

추기경 탑

추기경 탑 La tour du Cardinal d'Aux

1313년부터 1318년 까지 건축용 돌을 사용하여 만든 탑으로 요새의 흔적이 남아 있는 담장과 추기경 관저임을 알 수 있는 요소를 갖추고 있다. 교회의 남서쪽에 3층으로 지었는데 이층으로 올라가는 층계는 없어졌다.

추기경 궁전 입구

고양이에 대한 전설

이 마을을 다니다 보면 곳곳에서 고양이 상을 볼 수 있다. 창문에서 내려오는 모습, 창문으로 기어들어가는 모습, 살살 기어가는 모습 등 아주 다양한 포즈를 취하고 있어서 보는 재미가 쏠쏠하다.

이 마을에 고양이 상이 많은 것은 대대로 전해 오는 전설 때문인데, 중세 시대에 앙젤린느(Angéline)라는 어린 고아가 고양이 한 쌍을 구해 줬다. 그 때는 기근이 심하여 사람들이 고양이까지 잡아먹어야 할 정도로 살기가 힘든 때였다. 시간이 흘러 다시 살기가 좋아졌지만 모든 곡물이 엄청나게 불어난 쥐들에게 뜯어먹혀 대책이 없는 상황이 되어버렸다. 그 때 앙젤린느는 한 쌍의 고양이에게서 태어난 많은 고양이들을 풀어 놓아 또 다시 올 기근에서 마을을 구해냈고 마침내 그녀도 고양이를 닮아갔다는 이야기이다. 마을 사람들이 고양이에 대한 고마움을 표현하고자 여기 저기에 고양이를 모셔 놓은 것이다.

앙젤린느

고양이 상들

꾸르시아나 정원 Les jardins de Coursiana

마을에서 약 1km 정도 떨어진 곳에 잘 조성된 개인 소유의 정원으로 온갖 꽃이 보기 좋을 뿐 아니라 나무 밑에 카페도 있어서 쉬어 갈 수도 있는 곳이

꾸르시아나

다. 6헥타르의 땅에 장미밭, 채소밭, 아로마 식물, 약용 식물 그리고 영국식 정원 등이 조화롭게 가꿔져 있으며 100만 종류의 식물이 자라고 있다. 수도원 교회에 들어갈 때 거기 직원이 패키지로 정원까지 볼 거냐 아니면 수도원 교회만 볼 거냐 하고 물어본다. 양쪽을 다 본다고 하면 요금이 조금 할인된다. 자연스럽게 어우러진 꽃들과 나무 밑에서 한가로움을 즐겨보는 것도 좋다. 양쪽 요금은 13 유로이며 4월에서 10월까지만 개방하고 시간은 14시~19시까지 이다.

info

Lectoure 북서쪽 14km

Condom 북동쪽 12km

Auch 북쪽 49km

Toulouse 북서쪽 ...km

한필남·한계전 부부의 중세 수도원을 가다 두 번째 이야기
수도원 가는 길

라레쌩글르 마을 입구

완벽한 요새 마을
라레쌩글르 <u>Larressingle</u>

마을 정문

    인구 210명 정도인 이 아름다운 마을은 년 133,000명의 관광객이 방문하는 곳인 만큼 볼거리도 많고 보존이 잘된 중세 마을이다. 요새화된 마을로 작지만 강력한 요새라는 점에서 〈까르까손느(Carcassonne):완벽한 중세 성벽도시〉와 견줄 만 한 마을이다.

| 총안 | 교회 입구 | 현대적인 스테인드글라스 |

성채 les remparts

마을은 다각형 성벽으로 에워 쌓여 있다. 동쪽을 제외하고는 완전한 270m의 탑이 아직도 남아 있다.

성벽은 총안을 갖춰 요새화된 높은 대문이 서쪽으로 열리게 되어있는데, 도개교는 지금은 좁은 두 기둥이 박힌 다리로 변했다.

성과 탑 Le château et le donjon

작은 6각형 탑이 옆에 있는 4층으로 된 거대한 사다리꼴 모양의 성은 창문이 쌍을 이뤄 나 있고 창살대로 장식되어 있다. 백년 전쟁 당시에는 군사적인 역할을 했기 때문에 내부는 거의 폐허가 되었으며 돌출 부분에 몇 개의 기념비적인 벽난로가 남아있다.

성 씨지스몽 교회 Église saint Sigismond

1011년에 꽁동(Condom)의 성 베드로 수도원의 원장이었던 위그(Hugues)가 아장(Agen)의 주교가 되면서 자신이 가지고 있는 모든 것을

씨지스몽 성인상

승리의 성모상

옛 시지스몽 교회가 속해 있었던 옛 수도원에 헌납하게 되니 모든 땅은 이 마을의 교구 재산이 되었다.

성에 딸려있는 12세기 로마네스크 양식의 교회로 성인 씨지스몽(475-524)에게 봉헌되었다. 19세기에 제작한 씨지스몽 성인의 동상은 알리즈-쌩뜨-렌느(Alise-sainte-Reine)에 1865년에 세워진 베르생제토릭스(Vercingétorix:BC82-BC46)의 축소판이다.

회중석은 둘로 나뉘어있고 제단은 장식 병풍도 없고 왼쪽에 나무 십자가가 서 있는 아주 검소한 교회다. 천정이 높고 육중한 것은 성이 요새의 역할을 하게 되고, 인구가 늘면서 너무나 비좁은 교회를 키워야 할 필요가 생겼기 때문이지만 이 교회가 풍기는 소박함은 그 시대의 경제 사정에 맞게 지었기 때문이다.

제단 왼쪽 벽에 이 교회의 수호성인인 씨지스몽 성인의 동상이 있다.〈승리의 성모 마리아(N. D des Victoires)〉상은 마리아가 아기 예수를 왼쪽에 안고 있는 다른 동상들과는 다르게 큰 왕관을 쓰고 있는 예수를 오른쪽에 부여잡고 있는 모습이다.

1993년에 제작하여 설치한 스테인드글라스도 기존의 성경을 주제로 한 것들과는 다르게 약간 샤갈 풍의 느낌이 나는 작품들로 〈선〉과 〈색채〉

를 이용하여 영혼에 울림을 주는 은은한 솜씨를 보여주는 조화로운 작품들이다. 깊은 역사를 간직한 채 작지만 무게감 있는 아름다운 교회다.

성 씨지스몽은 지기스문트라고도 부르는데, 6세기에 프랑스의 부르고뉴 지방과 스위스의 남서부를 통치하던 아버지 군도발트(Gundobald)가 죽으면서 씨지스몽을 후계자로 세운다.

아리우스파를 믿는 가문에서 태어난 그는 자신의 병이 기적처럼 치유되는 경험을 한 후 기독교로 개종한다. 524년 부르군트 왕국을 침략한 오를레앙의 왕에게 체포되어 아내와 자식들과 함께 우물 속에 던져진다. 후에 그의 유해가 체코의 프라하에 안장되었고 순교자로 추앙을 받고 있으며 그의 축일은 5월 1일이다.

베르생제토릭스는 프랑스의 오베르뉴(Auvergne)지방에서 태어나 로마에서 감옥살이를 하다가 죽었다. 그는 오베르뉴의 켈트족 대장이며 왕이었다. 그는 줄리어스 씨저와의 전투에서 골 족을 무장 단결시켜 승리로 이끌었으며 많은 로마군을 죽였다.

씨저가 이끄는 로마군은 오베르뉴에서 후퇴했지만 골 족간의 내부 불화를 이용하여 쉽게 다시 영토를 정복했고, 로마군의 침략에 대항하여 골 족을 단결시키려는 베르생제토릭스의 시도는 점점 지체되었다. 알레시아(Alésia)의 전투에서 로마군이 포위하여 그의 군대가 격파당하자 그는 자기 부하들의 목숨을 구하기 위해 로마군에게 항복하여 5년 동안 감옥에 갇힌다.

예수 이전 46년에 씨저의 승리를 축하하는 분열식 한 가운데서 그의 잘린 목이 진열된다. 그는 씨저가 지은 〈골 족의 전쟁에 대한 회상록: (Les Commentaires sur la Guerre des Gaules)〉덕분에 세상에 알려졌다고 해도 과언이 아니다. 19세기 중엽까지 잊혀져 있다가 지금은 국가의 영웅으로 추앙받고 있는 역사적 영웅이다.

| 아르띠그 다리 | 돌 십자가, 다리 건설 계획,
채색 나무로 만든 성 야고보 상 |

옛 병영 Le camp

중세의 병영으로 3월 21일부터 11월까지 방문 가능한데 노포, 올가미, 장포, 대포 등 중세 무기들을 시연한다. 관중들은 활을 당겨 볼 수도 있고, 화폐주조, 공주나 기사의 복장도 체험할 수 있다.

아르띠그 다리 Le pont d'Artigues

마을에서 약간 떨어진 곳에 있는 이 다리는 유네스코 문화유산으로 산티아고 순례길에 거쳐서 가는 곳이며 4개의 아치를 갖춘 신 로마네스크 양식의 다리로 산티아고 순례길에서는 보기 드물게 보존이 잘 되어있는 보물이다.

이 다리는 〈라르띠그(de Lartigue)〉, 〈아르띠그(d'Artigue)〉, 〈다르띠그(Dartigues)〉라고도 불리는데 〈개척한 땅〉이란 뜻이다. 9세기부터 시작하여 중세에는 수도원, 성직자 그리고 봉건 제후들이 권력을 이용하여 새로운 땅을 개척하여 부를 축적하는 시대였다. 〈아르띠그 다리〉라는 이름도 12세기의 이 거대한 개척 운동에서 기인한 것이다.

산티아고 순례의 유래

나는 50살이 넘을 때까지도 들어본 적이 없는 〈산티아고 순례〉라는 말이 지금은 아주 세계적으로 유행하는 꿈의 여행이 되었다. 많은 분들이 이미 알고 있겠지만 혹시나 도움이 될까 해서 간략하게 적어 본다.

야고보 성인은 누구인가?

요한 성인의 형인 야고보 성인은 예수의 열 두 제자 중의 한 명이고 〈대 야고보〉라고 불린다. 산티아고(Santiago)는 야고보의 스페인 이름이고, 영어로는 성 제임스(Saint James), 불어로는 생 자끄(Saint Jacques)라고 한다. 그리스도가 제자들에게 〈땅 끝까지가서 전교하라〉 했기 때문에 야고보는 이베리아 반도로 떠났지만 그는 선교에는 실패했다고 하며, 44년에 팔레스타인에서 헤로데에게 참수당한 그는 사도들 중 첫 번째 순교자가 되었다.

8세기 동안 야고보 사도의 흔적은 역사에서 잊혀졌지만 몇몇 학자들은 복음 전파자이며 스페인의 수호자로 그를 소개했다. 711년에 무어족이 스페인을 침략하여 북서쪽을 제외한 온 반도가 그들의 지배하에 들어가고 만다. 718년에 서고트족이 중심이 되어 무어족으로부터 카톨릭 국가로 되돌리려는 국토 수복(Reconquête) 운동이 일어나 스페인 북부 지방에서 큰 승리를 거두어 그라나다를 점령하기에 이른다.

대략 814년 경에 빛에 이끌려 간 한 은자가 기적처럼 무덤을 발견해서 그 장소가 꽁뽀스뗄라(Compostella)라고 불리게 되었는데 〈작은 무덤〉 또는 〈별이 총총한 들판〉이란 뜻이다.

순례의 시작

그의 무덤 위에 첫 교회가 세워지고 소문이 전 세계로 퍼져 나가면서 순례가 시작되었는데 950년에 르 뷔 앙 블레(Le Puy en Velay)의 독실한 주교인 Godescalc이 공식적으로는 첫 번째 순례자로 알려져 있다.

그는 스페인의 로그로뇨(Logrono)근방을 지날 때 〈성모 마리아의 순결 무구함을 찬양하며(A la louange de la virginité de Sainte Marie toujours Vierge)〉의 복사본을 주문할 정도로 마리아에 대한 신심이 두터운 사람이었다.

순례의 황금기(11세기-16세기)

〈르콩키스타〉운동이 계속 진행 중이었기 때문에 기독교 군대가 앞에서 승리를 거두면 왕과 주교들은 순례자들을 위한 길과 다리 그리고 병원을 만들었고 왕들과 주교들 그리고 평민들도 앞다투어 순례에 나섰다. 동시에 몽세라(Montserrat)-사라고사(Saragossse)-꽁뽀스뗄르(Compostelle)를 축으로 해서 성모를 숭배하는 신앙심도 생겨났다. 그 예로 아주 박식했던 알퐁스(Alphonse:1221-1284)왕은 성모 마리아를 찬양하는 〈성모 마리아 찬송가(Cantigas de Santa Maria)〉를 작곡하여 지금도 널리 불려지고 있다.

12세기 초에 젤미레즈(Gelmirez) 대주교가 지금의 대성당을 짓기 시작하자 유럽 전역에서 순례객이 넘쳐나 새로 낸 길이나 옛 로마 길을 따라 산티아고로 몰려들기 시작했다. 순례를 오고 가면서 다양한 인종이 혼합된 것도 사실이다.

순례의 쇠퇴기(16세기-20세기)

1492년에 그라나다가 점령되면서 스페인은 엄청난 부를 누리는 시대를 맞이하여 병원과 교회가 보수되고 왕들은 순례를 장려했다. 그러나 종교 전쟁으로 인해 신교도(개신교도)들이 등장하여 모든 수도원이 폐쇄되고 순례길이 완전하게 막히는 계기가 된다.

다시 꽃피운 순례

1982년과 1989년에 교황 요한 바오로 2세가 교황으로는 처음으로 꽁뽀스뗄라에 순례를 가면서 기독교의 뿌리를 되찾자는 호소를 하게 되고 1998년에 순례길이 유네스코 문화유산이 되면서 다시금 카톨릭 신자들 사이에서 순례의 불길이 타오르게 된다.

프랑스에서 산티아고로 가는 길은 ① 파리(Paris)에서 ② 베즐레(Vézelay)에서 ③르 뷔 앙 블레(Le Puy en Velay)에서 ④ 아를르(Arles)에서 ⑤뚜르(Tours)에서 출발하는 상징적인 다섯 개의 길이 있는데, 어느 길로 가던 생 장 삐에 드 뽀르(Saint Jean Pied de Port)에서 만나게 된다. 거기서부터 피레네 산을 넘어 산티아고까지 가는 순례길 800km는 유네스코 문화유산으로 지정되어 많은 사람들의 사랑을 받고 있다. 순례길에는 일년 내내 순례자가 많지만 날씨로 볼 때 11월에서 4월까지는 피하는 것이 좋다.

국토 수복 Reconquista(Reconquête) 운동이란?

718년부터 1492년까지 약 7세기 반에 걸쳐서 이베리아 북부의 이슬람 국가를 축출하고 이베리아 반도를 카톨릭 국가로 회복하려는 일련의 과정을 말한다. 〈국토 수복 운동〉으로 카톨릭 국가의 영토를 회복한다는 의미를 갖고 있다.

info
    Condom 서쪽 17km
    Lectoure 서쪽 28km
    Montréal 동쪽 10km

오새화 된 성과 교회

꽁동 대 성당 입구

꽁동 <u>Condom</u>

산티아고를 향하여

인구 6,500명 정도의 제법 큰 도시로 라 베즈(La Baïse)와 라 젤(La Gèle) 강이 합류하는 지점에 위치해 있어서 '합류의 시장'의 의미로 붙여진 이름이며 산티아고로 가는 순례객들이 거쳐서 가는 곳이다. 순례객들은 이 도시에 와서 몸을 덮고 상처를 치료하면서 물 한 모금을 마시면서도 그들의 믿음을 굳건히 하는 것이다. 이 도시를 떠나 스페인으로 향해 내려가면서 기운을 북돋아주는 약을 넣은 작은 유리병을 몸에 지니고 떠난다고 한다.

신기하게도 꽁동에서 만난 성당 봉사자(순례자에게 스템프 찍어주는)를 렉뚜르에서도 만났으니 순례자가 많이 지나가는 곳이라는게 실감나는 곳이다.

달타냥과 삼 총사의 동상 La statue d'Artagnan et trois mousquetaires

성 베드로 광장(La place de Saint Pierre)에 그루지아 출신의 조각가인 주랍(Zourab Tsereteli)이 제작한 작품으로 오른쪽부터 ① 포르토스(Isaac de Portau:1617-?) ② 달타냥(Charles d'Artagnan:1611-1673)은 루이 14세 치하에서 공을 많이 세운 군인으로 1667년에 릴(Lille)의 영주가 되었고 1673년 네델란드와의 전투에서 탄환이 그의 목을 관통하는 바람에 전사했다. ③ 아라미스(Henri d'Aramitz:1620년 경-1673년 경) ④ 아토스(Armand d'Athos:1615-1645)

달타냥과 삼총사

성 베드로 대 성당 La cathédrale Saint Pierre

1368년에 완전히 무너져 폐허가 된 것을 1400년 경에 다시 완성한 대 성당으로 지금의 후진은 그 당시의 모습을 간직하고 있다. 하지만 100년 후에 대 성당은 다시 민망한 상태로 변하고 말았는데, 만일 주민들이 3만 파운드를 지불하지 않았다면 1531년 성화 파괴주의자인 몽

꽁동 대 성당 입구   성 베드로 상   대 성당 정면

고메리 일당에 의해 더욱 더 철저하게 파괴되었을 것이다. 대 성당의
외부는 육중한 버팀벽으로 되어있고 높은 정사각형의 탑이 도시를 내
려다보고 있다.

제단부

하얀 대리석의 제단과 독수리 모양의 독서대가 눈길을 끈다. 제대 뒤
에는 3점의 스테인드글라스가 있는데: 왼쪽 아래부분은 최후의 만찬,

성당 스테인드글라스 확대 모습

성당 제단과 스테인드글라스

십자가의 길   제단과 독서대

윗부분은 천사들이 라틴어로 쓰인 수사본을 펼쳐 보이는 장면, 가운데 아래 부분은 예수가 십자가를 지는 장면이고 그 왼쪽에는 마리아, 오른쪽에 요한 그리고 발치에는 막달라 마리아, 윗부분은 베드로와 바오로 성인, 오른쪽 아래부분에는 예수가 무덤에 들어가는 장면이고 윗부분에는 두 예언자와 수난의 도구를 들고 있는 천사들 그리고 가운데는 다비드 왕이다.

십자가의 길

제6처를 보면 〈베로니카가 예수의 얼굴을 닦아 주다〉인데 토리노 대성당에 있는 예수의 얼굴이 찍힌 헝겊이 빛을 발하며 걸려 있고, 마치 이탈리아의 어느 구석진 동네의 골목을 재현해 놓은 듯 특별한 아이디어의 작품들로 꾸며 놓았다.

정문 합각벽의 장엄예수와 복음사

서쪽 문의 합각벽에는 가운데에 〈영광의 그리스도〉가 왼손에 알파와 오메가가 새겨진 성경을 들고 오른손을 들어 영원한 생명으로 초대하는 것같은 자세를 취하고 있고, 사람(마테오), 독수리(요한), 황소(루까), 사자(마르코)가 상징하는 복음사가 그를 바라보고 있다. 그 아래에는 축복받은 베드로에게 봉헌된 교회(BEATO PETRO DICATA ECCLESIA)라고 쓰여있다.

경내 정원 Le cloître

대성당 북쪽 측면에 있는 거대한 규모의 경내 정원은 다른 수도원 경내 정원과는 사뭇 다른 모양을 하고 있다. 회랑의 육중한 고딕 양식의 기둥은 별 장식이 없지만 오리지널이고 주교의 샤뻴만 흔적으로 남아 있다. 가운데에 정원도 없이 그저 삭막한 느낌과 규모가 엄청나다는 것 빼고는 별 특징이 없다. 종교 전쟁으로 많은 시련을 겪고 나서 지금과 같은 모습이 되었다는데, 현재는 시청이 들어오면서 메디아텍으로 사용되고 있다.

info

Montréal 동쪽 16km

Auch 북서쪽 43km

Agen 남서쪽 40km

Lectoure 서쪽 22km

산 위에 있는 샤뻴까지 안내해 주신 수사님

흩어진 별자리처럼 난만(爛漫)히…

여행의 고단함을 잠시 벤치에서 쉬고 있는 모습

중세시대 그림과 벽화를 감상하고 있는 모습

한필남·한계전 부부의 중세 수도원을 가다 두 번째 이야기
수도원 가는 길

까뮈 무덤앞에서

오색 온천에서 만났던 베아트릭스를 파리에서

중세 수도원의 웅장함을 공부하는 모습

유아 세례식 장면

한필남·한계전 부부의 중세 수도원을 가다 두 번째 이야기
수도원 가는 길

봉뇌프에 걸려있는 열쇠들

미사를 준비하는 수녀

묵상중인 수녀

죄인을 용서하소서　　　　　　　수도원 경내에서 독서하는 여인

오딜르 상 앞에서　　　　　　　　석양의 로까마두르를 배경삼아

한필남·한계전 부부의 중세 수도원을 가다 두 번째 이야기
수도원 가는 길

납작복숭아

구경보다 휴식

식사를 기다리는 부부

한필남, 이혜정, 한차남, 채봉란

한필남·한계전 부부의 중세 수도원을 가다 두 번째 이야기
수도원 가는 길

걷기만 해도 좋은 중세마을

샤르트르 초콜렛 가게

한필남·한계전 부부의 중세 수도원을 가다 두 번째 이야기
수도원 가는 길

삐까씨에뜨의 카페에서

한계전·한필남 부부 중세 수도원 가다
두 번째 이야기

수도원 가는 길

초판 1쇄 인쇄일 ｜ 2024년 7월 22일
초판 1쇄 발행일 ｜ 2024년 7월 31일

지은이 ｜ 한필남 한계전
편집/디자인 ｜ 정구형 이보은 박재원
마케팅 ｜ 정찬용 정진이 이민영
영업관리 ｜ 한선희 이정주
책임편집 ｜ 정구형
인쇄처 ｜ 으뜸사
펴낸곳 ｜ 국학자료원 새미(주)
　　　　　등록일 2005 03 15 제251002005000008호
　　　　　경기도 고양시 덕양구 권율대로 656 원흥동
　　　　　　　　클래시아 더 퍼스트 1519,1520호
　　　　　Tel 02)442-4623 Fax 02)6499-3082
　　　　　www.kookhak.co.kr
　　　　　kookhak2010@hanmail.net
ISBN ｜ 979-11-6797-170-8 *03980
가격 ｜ 29,000원

* 저자와의 협의하에 인지는 생략합니다.
잘못된 책은 구입하신 곳에서 교환하여 드립니다.
국학자료원 · 새미 · 북치는마을 · LIE는 국학자료원 새미(주)의 브랜드입니다.